もくじ
啓林館版　数学2年

JN096372

テストの範囲や
学習予定日を
かこう!

	学習計画	
	出題範囲	学習予定日
	5/14 テストの日	5/10
		5/11

📖 **解答と解説**　　　　　　　　　　　　　　　　　　　　　　別冊

📖 **ふろく**　テストに出る! **5分間攻略ブック**　　　　　　　別冊

1章 式の計算

1節 式の計算

テストに出る！ 教科書の ココ が 要点

📄 さらっとまとめ （赤シートを使って，□に入るものを考えよう。）

1 式の加法，減法 📖 p.13〜p.16

・数や文字についての乗法だけでできている式を，|単項式|という。 例 $3ab$, $-4x^2$

・単項式の和の形で表された式を|多項式|といい， 例 ⑤$5x$＋②2, $3a^2$＋$7ab$＋1
　その1つ1つの単項式を，多項式の|項|という。 　　　　└項┘　　　└────項────┘

・単項式で，かけあわされている文字の個数を，その式の|次数|という。

・多項式では，各項の次数のうちでもっとも大きいものを，その多項式の|次数|という。

・文字の部分が同じ項を|同類項|という。 　　　　　　　同類項
　　　　　　　　　　　　　　　　　　　　　　例 $4x$＋$6y$＋($-3x$)＋$2y$
　　　　　　　　　　　　　　　　　　　　　　　　　└───同類項───┘

2 いろいろな多項式の計算 📖 p.17〜p.19

・式の値を求めるときは，式を|計算|してから，数を|代入|する。

3 単項式の乗法，除法 📖 p.20〜p.21

・単項式どうしの乗法は，|係数|の積に文字の積をかける。

・単項式どうしの除法は，|分数|の形になおして約分する。

☑ スピード確認 （□に入るものを答えよう。答えは，下にあります。）

1
□ $-7x^3y$ の次数は ① である。
　★$-7x^3y = -7 \times x \times x \times x \times y$

□ $2ab^2 - 5a^2 + 4b$ は ② 次式である。

□ $(3a+b)-(a-4b) = 3a+b-a\boxed{③}b = \boxed{④}$
　★ひく方の多項式の各項の符号を変えて加える。

2
□ $(28x-14y) \div 7 = \dfrac{28x}{7} - \dfrac{14y}{7} = \boxed{⑤}$

□ $3(2x-y)-2(x-3y) = 6x-3y-2x\boxed{⑥}y = \boxed{⑦}$

3
□ $7a \times (-3b) = \underline{7 \times (-3)} \times \underline{a \times b} = \boxed{⑧}$
　　　　　　　　　　係数の積　　文字の積

□ $24xy \div (-8x) = -\dfrac{24xy}{\boxed{⑨}} = -\dfrac{\overset{3}{24} \times \overset{1}{x} \times y}{\underset{1}{8} \times \underset{1}{x}} = \boxed{⑩}$

① _____
② _____
③ _____
④ _____
⑤ _____
⑥ _____
⑦ _____
⑧ _____
⑨ _____
⑩ _____

答 ▶ ①4　②三　③＋4　④$2a+5b$　⑤$4x-2y$　⑥＋6　⑦$4x+3y$　⑧$-21ab$　⑨$8x$　⑩$-3y$

基礎力UP テスト対策問題

1 単項式と多項式　次の問いに答えなさい。

(1) 単項式 $-5ab^2$ の係数と次数をいいなさい。

> **絶対に覚える!**
> 係数
> $-5 \times \textcircled{a} \times \textcircled{b} \times \textcircled{b}$
> 文字の数 3 個
> ➡次数 3

(2) 多項式 $4x-3y^2+5$ の項と次数をいいなさい。

2 いろいろな多項式の計算　次の計算をしなさい。

(1) $5x+4y-2x+6y$ 　　(2) $(7x+2y)+(x-9y)$

(3) $(5x-7y)-(3x-4y)$ 　　(4) $5(2x-3y+6)$

(5) $(-20x+12y)\div(-4)$ 　　(6) $5(2x-y)-2(x-4y)$

> **ミス注意!**
> かっこをはずすとき
> は，符号に注意する。
> $(5x-7y)-(3x-4y)$
> $=5x-7y \ominus 3x \oplus 4y$
> 符号が変わる

3 単項式の乗法，除法　次の計算をしなさい。

(1) $4x \times 3y$ 　　(2) $(-4ab) \times 3c$

(3) $-8x^2 \times (-4y^2)$ 　　(4) $36x^2y \div 4xy$

(5) $12ab^2 \div (-6ab)$ 　　(6) $(-9ab^2) \div 3b$

> **3** (1) $4x \times 3y$
> $=4 \times 3 \times x \times y$
> 　　係数の積　文字の積
> (4) $36x^2y \div 4xy$
> $=\dfrac{36x^2y}{4xy}$
> $=\dfrac{\overset{9}{\cancel{36}} \times \overset{1}{\cancel{x}} \times x \times \overset{1}{\cancel{y}}}{\underset{1}{\cancel{4}} \times \underset{1}{\cancel{x}} \times \underset{1}{\cancel{y}}}$
> 約分できるとき
> は約分しよう。

テストに出る!
予想問題 ①

1章 式の計算
1節 式の計算

⏱ 20分

/16問中

1 多項式の項と次数　次の多項式の項をいいなさい。また，何次式かいいなさい。

(1) $x^2y + xy - 3x + 2$

(2) $-s^2t^2 + st + 8$

2 🔍よく出る　多項式の加法，減法　次の計算をしなさい。

(1) $7x^2 - 4x - 3x^2 + 2x$

(2) $8ab - 2a - ab + 2a$

(3) $(5a + 3b) + (2a - 7b)$

(4) $(a^2 - 4a + 3) - (a^2 + 2 - a)$

(5) $\begin{array}{r} 3a + b \\ +)\ a - 2b \\ \hline \end{array}$

(6) $\begin{array}{r} 5x - 2y \\ -)\ x + 3y - 8 \\ \hline \end{array}$

3 多項式と数　次の計算をしなさい。

(1) $-4(3a - b + 2)$

(2) $(-6x - 3y + 15) \times \left(-\dfrac{1}{3}\right)$

(3) $(-6x + 10y) \div \dfrac{2}{3}$

(4) $(32a - 24b + 8) \div (-4)$

4 いろいろな計算　次の計算をしなさい。

(1) $3(x + 1) + 2(2x + y - 4)$

(2) $\dfrac{1}{5}(3a + b) - \dfrac{1}{10}(4a + 3b)$

(3) $\dfrac{2a - 3b}{2} - \dfrac{5a - b}{3}$

(4) $x - y - \dfrac{3x - 2y}{7}$

成績UPナビ

3 多項式と数の除法は，乗法になおしてから，分配法則を使う。

4 分数の形の式の加減は，通分して，1つの分数にまとめて計算する。

テストに出る！
予想問題 ②

1章 式の計算
1節 式の計算

⏰20分　/12問中

1 ♀よく出る　式の値　次の問いに答えなさい。

(1) $a=-\dfrac{1}{2}$, $b=2$ のとき，次の式の値を求めなさい。

① $3a+5b-(a+6b)$　　　② $4(2a+3b)-5(2a-b)$

(2) $x=0.4$, $y=1.5$ のとき，次の式の値を求めなさい。

① $2(2x-y)+6x+4y$　　　② $-2(x+3y)+4(3x-y)$

2 ♀よく出る　単項式の乗法　次の計算をしなさい。

(1) $3x\times 2xy$　　　(2) $12n\times\left(-\dfrac{1}{4}m\right)$

(3) $5x\times(-x^2)$　　　(4) $-2a\times(-b)^2$

3 単項式の除法　次の計算をしなさい。

(1) $8bc\div 2c$　　　(2) $3a^2b^3\div 15ab$

(3) $(-9xy^2)\div\dfrac{1}{3}xy$　　　(4) $\left(-\dfrac{ab^2}{2}\right)\div\dfrac{1}{4}a^2b$

1 負の数を代入するときは，（　）をつけて代入する。
3 分数をふくむ式の除法は，わる式を逆数にして乗法になおす。

1節 式の計算　2節 文字式の利用

テストに出る！ 教科書の **ココ**が**要点**

さらっとまとめ（赤シートを使って，□に入るものを考えよう。）

1 3つの式の乗除 教 p.22

・除法があるときは，わる式を 分母 にして， 約分 する。

2 文字式の利用 教 p.24〜p.27

・連続する3つの整数のうち，いちばん小さい数をnとすると，連続する3つの整数は， n ， $n+1$ ， $n+2$ と表される。

・偶数は，mを整数とすると， $2m$ と表される。

・奇数は，nを整数とすると， $2n+1$ と表される。

・2けたの正の整数は，十の位の数をa，一の位の数をbとすると， $10a+b$ と表される。

3 等式の変形 教 p.28〜p.29

・等式を $x=\blacksquare$ の形に変形することを， xについて解く という。

例 $5y+x=6$ をxについて解くと，$x=6-5y$

スピード確認（□に入るものを答えよう。答えは，下にあります。）

1
□ $3x \times 2y \times 2xy =$ ①

□ $4ab \times 3b \div (-6a) = -\dfrac{4ab \times 3b}{6a} =$ ②

2
□ 連続する3つの整数の和が3の倍数になることを，いちばん大きい整数をnとして説明しなさい。

［説明］ 連続する3つの整数は，$n-2$，$n-1$，nと表される。

よって，

$(n-2)+(n-1)+n=3n-3=3($ ③ $)$

★3×(整数) の形に変形する

③ は整数だから， ④ は3の倍数である。

したがって，連続する3つの整数の和は，3の倍数である。

3
□ 等式 $x+2y=4$ を，yについて解くと，$y=\dfrac{⑤+4}{2}$

★$y=-\dfrac{x}{2}+2$ としてもよい。

□ 等式 $3ab=7$ を，bについて解くと，$b=\dfrac{7}{⑥}$

① _____
② _____
③ _____
④ _____
⑤ _____
⑥ _____

答 ①$12x^2y^2$ ②$-2b^2$ ③$n-1$ ④$3(n-1)$ ⑤$-x$ ⑥$3a$

基礎力UP テスト対策問題

1 3つの式の乗除　次の計算をしなさい。

(1)　$4a \times 2b \times 6ab$

(2)　$xy \times (-9y) \div 3x$

(3)　$-18a^2 \div 6b \times (-4ab)$

(4)　$24x^2y \div (-2x) \div 4y$

ポイント

わる式を分母にする。
$$A \div B \times C = \frac{A \times C}{B}$$
$$A \div B \div C = \frac{A}{B \times C}$$

2 文字式の利用　連続する3つの整数のうち，中央の数を n として，3つの整数の和を n を使って表しなさい。

3 文字式の利用　n を整数とするとき，(1), (2)の整数を表す式を，㋐〜㋗の中から，すべて選びなさい。

(1)　5の倍数

(2)　9の倍数

㋐　$5n+1$	㋑　$5n$	㋒　$5(n+1)$	㋓　$\dfrac{n}{5}$
㋔　$9n-1$	㋕　$9(n-1)$	㋖　$9n$	㋗　$\dfrac{1}{9}n$

4 等式の変形　次の等式を，〔　〕内の文字について解きなさい。

(1)　$x+3=2y$　〔x〕

(2)　$\dfrac{1}{2}x=y+3$　〔x〕

(3)　$5x+10y=20$　〔x〕

(4)　$7x-6y=11$　〔y〕

思い出そう！

等式の性質
$A=B$ ならば
1　$A+C=B+C$
2　$A-C=B-C$
3　$A \times C=B \times C$
4　$A \div C=B \div C$
　（C は 0 ではない。）
5　$B=A$

テストに出る！

予想問題 ①

1章 式の計算
1節 式の計算　2節 文字式の利用

⏱20分

／9問中

1 🔍**よく出る**　3つの式の乗除　次の計算をしなさい。

(1)　$x^3 \times y^2 \div xy$

(2)　$ab \div 2b^2 \times 4ab^2$

(3)　$a^3b \times a \div 3b$

(4)　$(-12x) \div (-2x)^2 \div 3x$

(5)　$\dfrac{2}{3}a^2 \div \dfrac{5}{6}ab \times (-10a^2b^2)$

(6)　$5x^2 \div \left(-\dfrac{5}{3}x\right) \div \left(-\dfrac{3}{2}x\right)$

2 文字式の利用　連続する2つの整数の和は奇数になることを，次のように説明しました。
□にあてはまるものを書き入れなさい。

〔説明〕　連続する2つの整数を，n，$n+1$ とすると，それらの和は，

$$n+(n+1)=2n+\boxed{①}$$

$2n$ は $\boxed{②}$ だから，$2n+\boxed{③}$ は奇数である。

したがって，連続する2つの整数の和は奇数である。

3 文字式の利用　右の図は，ある月のカレンダーです。

(1)　□のように，縦に3つ囲んだ数の和は，中央の数の3倍になります。この理由を，中央の数をnとして説明しなさい。

日	月	火	水	木	金	土
		1	2	3	4	5
6	7	8	9	10	11	12
13	14	15	16	17	18	19
20	21	22	23	24	25	26
27	28	29	30	31		

(2)　□のように，斜めに3つ囲んだ数の和については，どのようなことがいえますか。

1 わる式が分数のときは，逆数にして乗法になおす。
2 奇数になることを説明するために，和が 偶数＋1 の形で表されることを示す。

テストに出る！
予想問題 ❷

1章 式の計算
2節 文字式の利用

⏱ 20分
/10問中

1 🖊よく出る　文字式の利用　2つの整数が偶数と奇数のとき，偶数から奇数をひいた差は奇数になります。この理由を，文字を使って説明しなさい。

2 文字式の利用　2けたの正の整数から，その数の十の位の数と一の位の数を入れかえてできる数をひいた差は，9の倍数になります。この理由を，文字式を使って説明しなさい。

3 🖊よく出る　等式の変形　次の等式を，〔　〕内の文字について解きなさい。
(1)　$5x+3y=4$　〔y〕
(2)　$4a-3b-12=0$　〔a〕

(3)　$\dfrac{1}{3}xy=\dfrac{1}{2}$　〔y〕
(4)　$\dfrac{1}{12}x+y=\dfrac{1}{4}$　〔x〕

(5)　$3a-5b=9$　〔b〕
(6)　$c=ay+b$　〔y〕

4 等式の変形　次の等式を，〔　〕内の文字について解きなさい。
(1)　$S=ab$　〔b〕
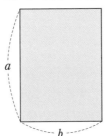
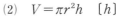
(2)　$V=\pi r^2 h$　〔h〕
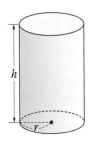

　3 (3)　両辺に3をかけて左辺の分母をはらう。
(6)　yをふくむ項は右辺にあるので，両辺を入れかえてから変形するとよい。

9

テストに出る！

章末予想問題 1章 式の計算

⏱ 30分

/100点

1 次の計算をしなさい。 5点×8〔40点〕

(1) $7x^2+3x-2x^2-4x$

(2) $8(a-2b)-3(b-2a)$

(3) $-\dfrac{3}{4}(-8ab+4a^2)$

(4) $(9x^2-6y)\div\left(-\dfrac{3}{2}\right)$

(5) $\dfrac{3a-2b}{4}-\dfrac{a-b}{3}$

(6) $(-3x)^2\times\dfrac{1}{9}xy^2$

(7) $(-4ab^2)\div\dfrac{2}{3}ab$

(8) $4xy^2\div(-12x^2y)\times(-3xy)^2$

2 次の計算をしなさい。 5点×2〔10点〕

(1)
$$\begin{array}{r} 4x-3y \\ +)\ -4x+6y \\ \hline \end{array}$$

(2)
$$\begin{array}{r} 20x-4y+5 \\ -)\ \ 4x-6y-5 \\ \hline \end{array}$$

3 $x=2$, $y=-\dfrac{1}{3}$ のとき，次の式の値を求めなさい。 5点×2〔10点〕

(1) $(3x+2y)-(x-y)$

(2) $18x^3y\div(-6xy)\times2y$

4 差がつく 連続する3つの奇数は，m を整数とすると，$2m+1$, $2m+3$, $2m+5$ と表されます。このことを使って，連続する3つの奇数の和は3の倍数になることを，文字式を使って説明しなさい。

〔10点〕

満点ゲット作戦
除法は分数の形に，乗除の混じった計算は，乗法だけの式になおして計算する。 例 $3a \div \frac{1}{6}b \times 2a = 3a \times \frac{6}{b} \times 2a$

ココが要点 を再確認	もう一歩	合格

0　　　　　　　　70　　85　　100点

5 次の等式を，〔 〕内の文字について解きなさい。　　　　　　5点×6〔30点〕

(1)　$3x + 2y = 7$ 〔y〕

(2)　$V = abc$ 〔a〕

(3)　$y = 4x - 3$ 〔x〕

(4)　$2a - b = c$ 〔b〕

(5)　$V = \frac{1}{3}\pi r^2 h$ 〔h〕

(6)　$S = \frac{1}{2}(a + b)h$ 〔a〕

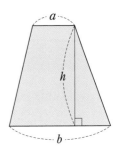

1	(1)	(2)	(3)
	(4)	(5)	(6)
	(7)	(8)	
2	(1)	(2)	
3	(1)	(2)	
4			
5	(1)	(2)	(3)
	(4)	(5)	(6)

1	/40点	**2**	/10点	**3**	/10点	**4**	/10点	**5**	/30点

2章 連立方程式

1節 連立方程式

テストに出る！ 教科書の **ココ**が**要点**

さらっとまとめ（赤シートを使って，□に入るものを考えよう。）

1 連立方程式とその解　教 p.36〜p.38

・2つの文字をふくむ一次方程式を，二元一次方程式 という。

・二元一次方程式を成り立たせる文字の値の組を，その方程式の 解 という。

・2つの方程式を組にしたものを，連立方程式 という。

・2つの方程式のどちらも成り立たせる文字の値の組を，連立方程式の解 といい，その解を求めることを，連立方程式を解く という。

2 連立方程式の解き方　教 p.39〜p.46

・連立方程式を解くためには，加減法 または 代入法 によって，1つの文字を 消去 して解く。

スピード確認（□に入るものを答えよう。答えは，下にあります。）

1

□ 次の㋐〜㋑のうちで，二元一次方程式 $2x+y=7$ の解は ① 。

㋐ $(1, 5)$　　　㋑ $(2, -3)$　　　㋒ $(4, 1)$

□ 次の㋐〜㋑のうちで，連立方程式 $\begin{cases} x+y=7 \\ x-y=1 \end{cases}$ の解は ② 。

㋐ $(6, 1)$　　　㋑ $(2, 5)$　　　㋒ $(4, 3)$

★2つの方程式のどちらも成り立たせる x, y の値の組を見つける。

2

□ 連立方程式 $\begin{cases} -x+y=7 & \cdots\cdots① \\ 3x+2y=4 & \cdots\cdots② \end{cases}$ を解きなさい。

【加減法】

y の係数の絶対値をそろえて左辺どうし，右辺どうしを，それぞれひく。

$①\times2 \quad\quad -2x+2y=14$

$② \quad\quad\underline{-)\ 3x+2y=\ 4}$

$\quad\quad\quad ③\,x \quad\quad =10$

$\quad\quad\quad\quad\quad x= ④$

①に代入すると，$y= ⑤$

答　$(x, y)=(④ , ⑤)$

【代入法】

①を y について解き，それを②に代入する。

①より，$y=x+7 \quad\cdots\cdots③$

③を②に代入すると，

$\quad 3x+2(x+7)=4$

よって，$x= ⑥$

③に代入すると，$y= ⑦$

答　$(x, y)=(⑥ , ⑦)$

> 加減法と代入法，どちらの方法でも解けるようにしよう。

①	
②	
③	
④	
⑤	
⑥	
⑦	

答　①㋐　②㋒　③-5　④-2　⑤5　⑥-2　⑦5

基礎力UP テスト対策問題

1 連立方程式とその解　次の⑦〜⑨のうち，x，y の値の組 $(-1, 3)$ が解である連立方程式を選びなさい。

⑦ $\begin{cases} 2x+y=5 \\ 3x+2y=3 \end{cases}$　　⑦ $\begin{cases} x+2y=5 \\ 3x-2y=-9 \end{cases}$　　⑨ $\begin{cases} 2x+3y=7 \\ 2x+y=5 \end{cases}$

絶対に覚える！

■連立方程式の解
→ 2つの方程式のどちらも成り立たせる文字の値の組。

2 加減法　次の連立方程式を加減法で解きなさい。

(1) $\begin{cases} 5x+2y=4 \\ x-2y=8 \end{cases}$　　(2) $\begin{cases} 2x+3y=11 \\ 2x-y=-1 \end{cases}$

(3) $\begin{cases} 3x+2y=7 \\ x+5y=11 \end{cases}$　　(4) $\begin{cases} 4x+3y=18 \\ -5x+7y=-1 \end{cases}$

ポイント

■加減法
左辺どうし，右辺どうしを，それぞれ，たすかひくかして，1つの文字を消去する方法。

3 代入法　次の連立方程式を代入法で解きなさい。

(1) $\begin{cases} x+y=10 \\ y=4x \end{cases}$　　(2) $\begin{cases} y=2x+1 \\ y=5x-8 \end{cases}$

(3) $\begin{cases} 4x-5y=13 \\ x=3y-2 \end{cases}$　　(4) $\begin{cases} y=x+1 \\ 3x-2y=-7 \end{cases}$

ポイント

■代入法
代入によって1つの文字を消去する方法。

ミス注意！
多項式を代入するときは，（　）をつける。

4 いろいろな連立方程式　次の連立方程式を解きなさい。

(1) $\begin{cases} 8x-5y=13 \\ 10x-3(2x-y)=1 \end{cases}$　　(2) $\begin{cases} 3x+2y=4 \\ \dfrac{1}{2}x-\dfrac{1}{5}y=-2 \end{cases}$

(3) $\begin{cases} 2x+3y=-2 \\ 0.3x+0.7y=0.2 \end{cases}$　　(4) $3x+2y=5x+y=7$

絶対に覚える！

かっこをふくむ式
→かっこをはずす。

分数や小数をふくむ式
→係数が全部整数になるように変形する。

$A=B=C$ の式
→$A=B$，$A=C$，$B=C$ のうち，2つを組み合わせる。

テストに出る！

予想問題 ❶

2章 連立方程式
1節 連立方程式

⏱20分

/12問中

1 加減法と代入法　次の連立方程式を解きなさい。

(1) $\begin{cases} 2x+3y=17 \\ 3x+4y=24 \end{cases}$

(2) $\begin{cases} 8x+7y=12 \\ 6x+5y=8 \end{cases}$

(3) $\begin{cases} x=4y-10 \\ 3x-y=-8 \end{cases}$

(4) $\begin{cases} 5x=4y-1 \\ 5x-3y=-7 \end{cases}$

2 🔍よく出る　いろいろな連立方程式　次の連立方程式を解きなさい。

(1) $\begin{cases} 3x-y=2 \\ 4x-3(2x-y)=8 \end{cases}$

(2) $\begin{cases} 3x+5y=-11 \\ 2(x-5)=y \end{cases}$

(3) $\begin{cases} x-3(y-5)=0 \\ 7x=6y \end{cases}$

(4) $\begin{cases} 4(x+y)=3y-2 \\ x+y=1 \end{cases}$

(5) $\begin{cases} 3(x+y)=2x-1 \\ 2x-y+9=0 \end{cases}$

(6) $\begin{cases} \dfrac{3}{4}x-\dfrac{1}{2}y=2 \\ 2x+y=3 \end{cases}$

(7) $\begin{cases} x+2y=-4 \\ \dfrac{1}{2}x-\dfrac{2}{3}y=3 \end{cases}$

(8) $\begin{cases} 2x-y=15 \\ \dfrac{1}{2}x+\dfrac{1}{3}y=2 \end{cases}$

成績 UP ナビ

2 係数に分数をふくむときは，両辺に分母の公倍数をかけて，係数を整数にする。

テストに出る！
予想問題 ②

2章 連立方程式
1節 連立方程式

🕐 20分

/10問中

1 いろいろな連立方程式　次の連立方程式を解きなさい。

(1) $\begin{cases} 1.2x + 0.5y = 5 \\ 3x - 2y = 19 \end{cases}$

(2) $\begin{cases} 0.5x - 1.4y = 8 \\ -x + 2y = -12 \end{cases}$

(3) $\begin{cases} 0.1x + 0.05y = 20 \\ 5x - 2y = 100 \end{cases}$

(4) $\begin{cases} 0.8x - 0.3y = 0.9 \\ \dfrac{1}{2}y = \dfrac{1}{6}x + 2 \end{cases}$

2 🔎よく出る　$A = B = C$ の形の方程式　次の方程式を解きなさい。

(1) $2x + 3y = -x - 3y = 5$

(2) $\dfrac{x+y}{6} = \dfrac{x+1}{4} = 2$

(3) $x + y + 6 = 2x + 5y = 5x - y$

(4) $\dfrac{x}{4} + \dfrac{y}{6} = 0.3x + 0.1y = 3$

3 連立方程式の解　次の問いに答えなさい。

(1) 連立方程式 $\begin{cases} 2x + ay = 8 \\ bx - y = 7 \end{cases}$ の解が $(x,\ y) = (3,\ 2)$ のとき，a，b の値を求めなさい。

(2) 連立方程式 $\begin{cases} ax - 2y = 10 \\ bx - ay = -9 \end{cases}$ の解が $(x,\ y) = (4,\ 5)$ のとき，a，b の値を求めなさい。

1 係数に小数をふくむときは，両辺を 10 倍，100 倍，……して，係数を整数にする。

3 x，y にそれぞれの値を代入して，a，b についての連立方程式を解く。

2章 連立方程式

2節 連立方程式の利用

テストに出る！ 教科書の ココ が 要点

📓 さらっとまとめ （赤シートを使って，□に入るものを考えよう。）

1 連立方程式の利用 　📖 p.47〜p.53

・連立方程式を使って問題を解く手順

　① 問題の中にある 数量の関係 を見つける。

　② まだわかっていない数量のうち，適当なものを文字で表して， 連立方程式 をつくって 解く 。

　③ 方程式の解が，問題に あっている か確かめる。

✅ スピード確認 （□に入るものを答えよう。答えは，下にあります。）

□ ノート 3 冊とボールペン 2 本の代金の合計は 480 円，ノート 5 冊とボールペン 6 本の代金の合計は，1120 円でした。ノート 1 冊の値段を x 円，ボールペン 1 本の値段を y 円とします。

(1) （ノート 1 冊の値段）×3＋（ボールペン 1 本の値段）×2＝480

　この関係から方程式をつくると，

　① ＋ ② ＝480

(2) （ノート 1 冊の値段）×5＋（ボールペン 1 本の値段）×6＝1120

　この関係から方程式をつくると，

　③ ＋ ④ ＝1120

① ＿＿＿＿＿＿

② ＿＿＿＿＿＿

③ ＿＿＿＿＿＿

④ ＿＿＿＿＿＿

⑤ ＿＿＿＿＿＿

⑥ ＿＿＿＿＿＿

⑦ ＿＿＿＿＿＿

⑧ ＿＿＿＿＿＿

⑨ ＿＿＿＿＿＿

⑩ ＿＿＿＿＿＿

□ ある店では，ケーキとドーナツをあわせて 150 個つくりました。そのうち，ケーキは 6 ％，ドーナツは 10 ％ 売れ残り，あわせて 13 個が売れ残りました。

1

(1) ケーキを x 個，ドーナツを y 個つくったとして，数量の関係を表にすると，次のようになる。

	ケーキ	ドーナツ	合計
つくった個数（個）	x	y	150
売れ残った個数（個）	⑤	⑥	13

(2) つくった個数の関係から方程式をつくると，

　⑦ ＋ ⑧ ＝150

(3) 売れ残った個数の関係から方程式をつくると，

　⑨ ＋ ⑩ ＝13

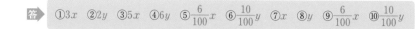

答 ①$3x$ ②$2y$ ③$5x$ ④$6y$ ⑤$\frac{6}{100}x$ ⑥$\frac{10}{100}y$ ⑦x ⑧y ⑨$\frac{6}{100}x$ ⑩$\frac{10}{100}y$

基礎力UP テスト対策問題

1 代金の問題 1個100円のパンと1個120円のおにぎりをあわせて10個買い，1100円払いました。パンとおにぎりをそれぞれ何個買ったかを求めます。

(1) 100円のパンを x 個，120円のおにぎりを y 個買ったとして，数量の関係を表に整理しなさい。

	パン	おにぎり	合計
1個の値段（円）	100	120	
個数（個）	x	y	10
代金（円）	⑦	⑦	⑦

(2) (1)の表から，連立方程式をつくり，個数を求めなさい。

ポイント

文章題では，数量の間の関係を，図や表に整理するとわかりやすい。

1 (2) 個数の関係，代金の関係から，2つの方程式をつくる。

2 速さ・時間・道のりの問題 家から1000m離れた駅まで行くのに，はじめは分速50mで歩き，途中から分速100mで走ったところ，14分かかりました。

(1) 歩いた道のりを x m，走った道のりを y m として，数量の関係を図と表に整理しなさい。

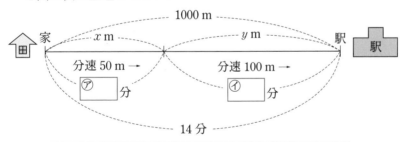

	歩いたとき	走ったとき	全体
道のり（m）	x	y	1000
速さ（m/分）	50	100	
時間（分）	⑦	⑦	14

(2) (1)の表から，連立方程式をつくり，歩いた道のり，走った道のりを求めなさい。

思い出そう！

時間，道のり，速さの問題は，次の関係を使って方程式をつくる。

$$（時間）＝\frac{（道のり）}{（速さ）}$$

（道のり）
＝（速さ）×（時間）

2 (2) 道のりの関係，時間の関係から，2つの方程式をつくる。

分数を整数になおすよ。

テストに出る！
予想問題 ①

2章 連立方程式
2節 連立方程式の利用

⏱20分

／5問中

1 硬貨の問題　500 円硬貨と 100 円硬貨を合計 22 枚集めたら，合計金額は 6200 円になりました。このとき 500 円硬貨と 100 円硬貨は，それぞれ何枚か求めなさい。

2 💡よく出る　代金の問題　りんご 3 個とみかん 5 個の代金の合計は 600 円，りんご 6 個とみかん 7 個の代金の合計は 1020 円でした。りんご 1 個とみかん 1 個の値段を，それぞれ求めなさい。

3 💡よく出る　割合の問題　ある中学校の昨年の生徒数は 425 人でした。今年の生徒数を調べたところ 23 人増えていることがわかりました。これを男女別で調べると，昨年より，男子は 7 %，女子は 4 %，それぞれ増えています。

(1)　昨年の男子の生徒数を x 人，昨年の女子の生徒数を y 人として，数量の関係を表に整理しなさい。

	男子	女子	合計
昨年の生徒数 (人)	x	y	425
増えた生徒数 (人)	⑦	⑦	23

(2)　(1)の表から，連立方程式をつくり，昨年の男子と女子の生徒数を，それぞれ求めなさい。

4 割合の問題　ある工場では，先月は A 製品と B 製品をあわせて 700 個つくりました。今月は先月にくらべて A 製品を 15 % 少なく，B 製品を 20 % 多くつくったので，全体の生産個数は 5 % 少なくなりました。先月の A 製品と B 製品の生産個数を，それぞれ求めなさい。

成績
UP
ナビ

4 先月の A 製品の生産個数を x 個，B 製品の生産個数を y 個として，問題の中の数量から，連立方程式をつくる。

テストに出る！

予想問題 ❷

2章 連立方程式
2節 連立方程式の利用

🕐 20分

／4問中

1 速さ・時間・道のりの問題　14 km 離れたところに行くのに，はじめは自転車に乗って時速 16 km で走り，途中から時速 4 km で歩いたら，2時間かかりました。自転車に乗った道のりと歩いた道のりを，それぞれ求めなさい。

2 🔍**よく出る**　速さ・時間・道のりの問題　Aさんは 950 m 離れた駅に行くのに，はじめは分速 70 m で歩き，途中から分速 100 m で走ったところ，11分かかりました。歩いた道のりと走った道のりを，それぞれ次のようにして求めなさい。

(1)　歩いた道のりを x m，走った道のりを y m として連立方程式をつくり，歩いた道のりと走った道のりを，それぞれ求めなさい。

(2)　歩いた時間を x 分，走った時間を y 分として連立方程式をつくり，歩いた道のりと走った道のりを，それぞれ求めなさい。

3 2けたの正の整数の問題　2けたの正の整数があります。その整数は，各位の数の和の4倍よりも9大きく，また，十の位の数と一の位の数を入れかえてできる2けたの数は，もとの整数よりも18大きくなります。もとの整数を求めなさい。

1 道のりと時間の関係についての連立方程式をつくる。
3 十の位の数を x，一の位の数を y とすると，2けたの正の整数は $10x+y$ と表される。

テストに出る!

章末予想問題 | 2章 連立方程式

⏱30分

/100点

1 次の⑦〜⑰のうちで，連立方程式 $\begin{cases} 7x+3y=34 \\ 5x-6y=8 \end{cases}$ の解はどれですか。 〔10点〕

⑦ $(4,\ 2)$　　　　　⑦ $\left(5,\ -\dfrac{1}{3}\right)$　　　　　⑰ $(-2,\ -3)$

2 次の連立方程式を解きなさい。 7点×6〔42点〕

(1) $\begin{cases} 4x-5y=6 \\ 3x-2y=1 \end{cases}$

(2) $\begin{cases} 5x-3y=11 \\ 3y=2x+1 \end{cases}$

(3) $\begin{cases} 3(x-2y)+5y=2 \\ 4x-3(2x-y)=8 \end{cases}$

(4) $\begin{cases} 3x+4y=1 \\ \dfrac{1}{3}x+\dfrac{2}{5}y=\dfrac{1}{3} \end{cases}$

(5) $\begin{cases} \dfrac{3}{4}x-\dfrac{2}{3}y=\dfrac{7}{6} \\ 1.3x+0.6y=-5 \end{cases}$

(6) $\dfrac{2x+y}{4}=\dfrac{3x+2y}{5}=1$

3 ある遊園地の入園料は，おとな1人の料金は中学生1人の料金より200円高いそうです。この遊園地におとな2人と中学生5人ではいったら，入園料の合計は7400円でした。おとな1人と中学生1人の入園料を，それぞれ求めなさい。 〔10点〕

満点ゲット作戦
加減法か代入法を使って1つの文字を消去し，もう1つの文字に
ついての一次方程式にする。

ココが 要 点 を再確認　もう一歩　合格
0　　　　　　　　70　　85　　100点

4 A町からB町を通ってC町まで行く道のりは23kmです。ある人がA町からB町までは時速4km，B町からC町までは時速5kmで歩いて，全体で5時間かかりました。A町からB町までの道のりと，B町からC町までの道のりを，それぞれ求めなさい。　〔12点〕

5 ある中学校では，リサイクルのために新聞と雑誌を集めました。今月は新聞と雑誌をあわせて216kg集めました。これは先月にくらべて，新聞は20％増え，雑誌は10％減りましたが，全体では16kg増えました。先月集めた新聞と雑誌の重さを，それぞれ求めなさい。　〔12点〕

6 差がつく　ある列車が，820mの鉄橋を渡りはじめてから渡り終わるまでに，50秒かかりました。また，この列車が，2220mのトンネルにはいりはじめてから出てしまうまでに，120秒かかりました。この列車の長さと時速を，それぞれ求めなさい。　〔14点〕

1			
2	(1)	(2)	(3)
	(4)	(5)	(6)
3	おとな　　　　　　　　，中学生		
4	A町からB町　　　　　，B町からC町		
5	新聞　　　　　　　　　，雑誌		
6	長さ　　　　　　　　　，時速		

3章 一次関数

1節 一次関数とグラフ

テストに出る！ 教科書の **ココ**が**要点**

📄 さらっとまとめ （赤シートを使って，□に入るものを考えよう。）

1 一次関数 教 p.60〜p.62

・y が x の関数で，y が x の一次式で表されるとき，y は x の 一次関数 であるといい，$y=ax+b$ と表される。

2 一次関数の値の変化 教 p.63〜p.65

・一次関数 $y=ax+b$ では，変化の割合は 一定 で，a に等しい。

$$変化の割合＝\frac{y の増加量}{x の増加量}＝a$$

3 一次関数のグラフ 教 p.66〜p.72

・一次関数 $y=ax+b$ のグラフは，$y=ax$ のグラフを y 軸の正の方向に b だけ平行移動した直線である。また，傾き が a，切片 が b の直線である。

・$a>0$ のとき，x の値が増加すれば y の値も増加 し，グラフは 右上がり の直線になる。

・$a<0$ のとき，x の値が増加すれば y の値は減少 し，グラフは 右下がり の直線になる。

4 一次関数の式を求めること 教 p.73〜p.76

・一次関数の式を求めるためには，$y=ax+b$ の a，b の値を求めればよい。

例 グラフの傾きが 4，切片が 2 の一次関数の式は，$y=4x+2$ である。

☑ スピード確認 （□に入るものを答えよう。答えは，下にあります。）

1
□ 次の⑦〜㋓のうち，y が x の一次関数であるものは ① 。

　⑦ $y=2x+1$　　㋑ $y=-x$　　㋒ $y=5x^2$　　㋓ $y=\dfrac{2}{x}$

①　＿＿＿＿＿＿

②　＿＿＿＿＿＿

□ 一次関数 $y=5x+2$ の変化の割合は ② である。

③　＿＿＿＿＿＿

2
□ 一次関数 $y=3x+4$ で，x の値が 1 増加したときの y の増加量は ③ である。

④　＿＿＿＿＿＿

⑤　＿＿＿＿＿＿

3
□ 一次関数 $y=2x+4$ のグラフは，$y=2x$ のグラフを y 軸の正の方向に ④ だけ平行移動した直線である。

⑥　＿＿＿＿＿＿

⑦　＿＿＿＿＿＿

□ 一次関数 $y=3x-5$ のグラフは，傾き ⑤，切片 ⑥，右 ⑦ の直線である。

⑧　＿＿＿＿＿＿

4
□ グラフの傾きが 2，点 $(2,\ 3)$ を通る一次関数の式は，$y=$ ⑧ である。

答 ▶ ①⑦，㋑ ②5 ③3 ④4 ⑤3 ⑥−5 ⑦上がり ⑧$2x-1$

基礎力UP テスト対策問題

1 一次関数の値の変化　次の一次関数の変化の割合をいいなさい。また，x の増加量が 3 のときの y の増加量を求めなさい。

(1)　$y = 3x + 5$

(2)　$y = -x + 8$

(3)　$y = \dfrac{1}{2}x + 4$

(4)　$y = -\dfrac{1}{3}x - 1$

テスト対策ナビ

絶対に覚える！

■ $y = \underset{\substack{\uparrow \\ \text{変化の割合}}}{a}\,x + b$

■ a は，x の増加量が 1 のときの y の増加量を表す。

2 一次関数のグラフ　次の㋐～㋓の一次関数があります。

㋐　$y = 4x - 2$

㋑　$y = -3x + 1$

㋒　$y = -\dfrac{2}{3}x - 2$

㋓　$y = 4x + 3$

(1)　それぞれのグラフの傾きと切片をいいなさい。

(2)　グラフが右下がりの直線になるのはどれですか。

(3)　グラフが平行になるのはどれとどれですか。

ポイント

■ $y = ax + b$ で，
$a > 0$ ➡ 右上がり
$a < 0$ ➡ 右下がり

グラフが平行ということは，傾きが等しいよ。

3 一次関数の式を求めること　次の一次関数の式を求めなさい。

(1)　変化の割合が -2 で，$x = -1$ のとき $y = 4$ である。

(2)　グラフが，点 $(3,\ 1)$ を通り，切片が 4 の直線である。

(3)　グラフが，2 点 $(1,\ 5),\ (3,\ 9)$ を通る直線である。

ポイント

求める一次関数を $y = ax + b$ として，$a,\ b$ の値を求める。

3 (3)　傾きは，
$\dfrac{9 - 5}{3 - 1}$

予想問題 ①

3章 一次関数
1節 一次関数とグラフ

🕐20分

／8問中

1 一次関数 水が2Lはいっている水そうに，一定の割合で水を入れます。水を入れはじめてから5分後には，水そうの中の水の量は22Lになりました。

(1) 1分間に，水の量は何Lずつ増えましたか。

(2) 水を入れはじめてからx分後の水そうの中の水の量をyLとして，yをxの式で表しなさい。

2 変化の割合 次の一次関数の変化の割合をいいなさい。また，xの値が2から6まで増加したときのyの増加量を求めなさい。

(1) $y=3x-9$

(2) $y=\dfrac{1}{2}x+\dfrac{1}{3}$

3 一次関数のグラフ 次の一次関数について，グラフの傾きと切片をいいなさい。

(1) $y=5x-3$

(2) $y=-2x$

4 一次関数のグラフ 次の一次関数について，下の問いに答えなさい。

⑦ $y=3x-1$

⑦ $y=-2x+5$

⑦ $y=\dfrac{2}{3}x+1$

(1) ⑦〜⑦のグラフをかきなさい。

(2) xの変域を $-2<x\leqq3$ としたとき，yの変域をそれぞれ求めなさい。

2 xの増加量は，$6-2=4$ である。yの増加量は，$a\times(x$の増加量$)$ の式で求める。

4 (2) xの変域 $-2<x\leqq3$ の両端の値に対応するyの値を求める。

テストに出る！

予想問題 ②

3章 一次関数
1節 一次関数とグラフ

⏱ 20分

/10問中

1 一次関数のグラフ　次の⑦〜⑰の一次関数の中から，下の(1)〜(4)にあてはまるものをすべて選び，その記号で答えなさい。

⑦　$y = 7x - 5$ 　　　　⑦　$y = -4x - 10$ 　　　　⑦　$y = 7x + 4$

⑦　$y = \dfrac{2}{3}x - 1$ 　　　　⑦　$y = -\dfrac{2}{3}x + \dfrac{3}{7}$ 　　　　⑦　$y = \dfrac{3}{4}x - 5$

(1)　グラフが右上がりの直線になるもの　　(2)　グラフが $(-3,\ 2)$ を通るもの

(3)　グラフが平行になるものの組　　(4)　グラフが y 軸上で交わるものの組

2 一次関数の式　右の図の直線(1)〜(3)の式を求めなさい。

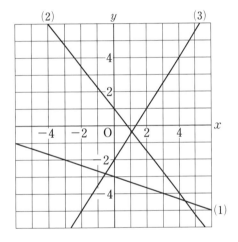

3 🔑よく出る　一次関数の式　次の一次関数の式を求めなさい。
(1)　変化の割合が 2 で，$x = 1$ のとき $y = 3$ である。

(2)　グラフが，点 $(1,\ 2)$ を通り，切片が -1 の直線である。

(3)　グラフが，2 点 $(-3,\ -1),\ (6,\ 5)$ を通る直線である。

2 y 軸との交点は，切片を表す。ます目の交点にある点をもう 1 つ見つけ，傾きを求める。
3 (3)　2 点の座標からまず傾きを求める。または，連立方程式をつくって求める。

3章 一次関数

2節 一次関数と方程式　3節 一次関数の利用

テストに出る! 教科書のココが要点

📄 さらっとまとめ（赤シートを使って，□に入るものを考えよう。）

1 方程式とグラフ　教 p.78〜p.81

・二元一次方程式 $ax+by=c$ のグラフは，│直線│である。

　特に，$a=0$ の場合，すなわち│$y=k$│のグラフは，│x軸に平行│な直線である。

　　　　$b=0$ の場合，すなわち│$x=h$│のグラフは，│y軸に平行│な直線である。

2 連立方程式とグラフ　教 p.82〜p.83

・連立方程式の解は，それぞれの方程式のグラフの│交点│の│x座標│，│y座標│と一致する。

・2直線の交点の座標を求めるには，2つの直線の式を組にした│連立方程式│を解く。

✅ スピード確認（□に入るものを答えよう。答えは，下にあります。）

1

□ 方程式 $3x-y=3$ のグラフは，この式を y について解くと，
$y=$ ① となり，傾きが ②，切片が ③ の直線になる。

□ 方程式 $2y-6=0$ のグラフは，この式を y について解くと，
$y=$ ④ となる。よって，点 $(0,$ ⑤$)$ を通り，⑥ 軸に平行な
直線になる。

□ 方程式 $3x-12=0$ のグラフは，この式を x について解くと，
$x=$ ⑦ となる。よって，点 $($ ⑧$, 0)$ を通り，⑨ 軸に平行な
直線になる。

2

□ 連立方程式 $\begin{cases} 2x-y=3 & \cdots\cdots ① \\ x+2y=4 & \cdots\cdots ② \end{cases}$ の解

は，右のグラフの交点の座標から，
$(x, y)=($ ⑩$,$ ⑪$)$ となる。

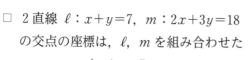

□ 2直線 $\ell : x+y=7$，$m : 2x+3y=18$
の交点の座標は，ℓ，m を組み合わせた

連立方程式 $\begin{cases} x+y=7 \\ 2x+3y=18 \end{cases}$ の解であるから，これを解いて，

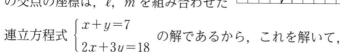

$(x, y)=($ ⑫$,$ ⑬$)$ となる。

したがって，交点の座標は，$($ ⑫$,$ ⑬$)$ となる。

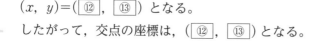

① _____
② _____
③ _____
④ _____
⑤ _____
⑥ _____
⑦ _____
⑧ _____
⑨ _____
⑩ _____
⑪ _____
⑫ _____
⑬ _____

答 ①$3x-3$ ②$3$ ③-3 ④$3$ ⑤$3$ ⑥x ⑦$4$ ⑧$4$ ⑨y ⑩2 ⑪1 ⑫3 ⑬4

基礎力UP テスト対策問題

1 二元一次方程式のグラフ　次の方程式のグラフをかきなさい。

(1) $x - y = -3$

(2) $2x + y - 1 = 0$

(3) $y - 4 = 0$

(4) $5x - 10 = 0$

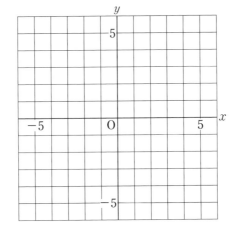

2 連立方程式とグラフ　次の連立方程式を，グラフを使って解きなさい。

$$\begin{cases} x - 2y = -6 & \cdots\cdots ① \\ 3x - y = 2 & \cdots\cdots ② \end{cases}$$

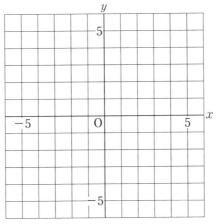

3 連立方程式とグラフ　下の図について，次の問いに答えなさい。

(1) ①，②の直線の式を求めなさい。

(2) 2直線の交点の座標を求めなさい。

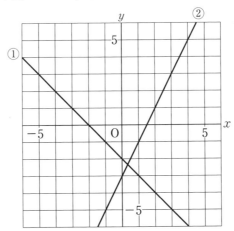

テスト対策 ナビ

絶対に覚える！

$ax + by = c$ のグラフをかくには，

$$y = \underset{\text{傾き}}{○}x + \underset{\text{切片}}{□}$$

の形に変形するか，2点の座標を求めてかく。

絶対に覚える！

連立方程式の解とグラフの関係を理解しておこう。

連立方程式の解
$(x,\ y) = (○,\ △)$

⇕

グラフの交点の座標
$(○,\ △)$

3 (2) 交点の座標は，グラフからは読みとれないので，①，②の式を連立方程式として解いて求める。

テストに出る！

予想問題 ①

3章 一次関数
2節 一次関数と方程式

⏱ 20分

／7問中

1 🔍**よく出る** 二元一次方程式のグラフ　次の方程式のグラフをかきなさい。

(1) $2x + 3y = 6$

(2) $x - 4y - 4 = 0$

(3) $-3x - 1 = 8$

(4) $2y + 3 = -5$

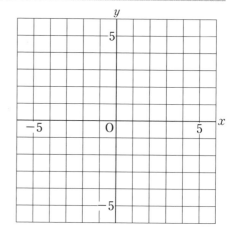

2 連立方程式とグラフ　次の連立方程式を，グラフを使って解きなさい。

$$\begin{cases} 2x - 3y = 6 & \cdots\cdots ① \\ y = -4 & \cdots\cdots ② \end{cases}$$

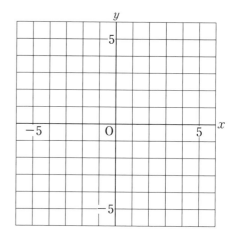

3 連立方程式とグラフ　右の図について，次の問いに答えなさい。

(1) 2直線 ℓ，m の交点Aの座標を求めなさい。

(2) 2直線 m，n の交点Bの座標を求めなさい。

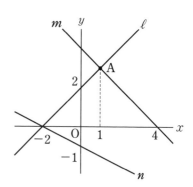

成績ＵＰ・ナビ
1 (1) 式を y について解き，傾きと切片を求める。
3 (1) 直線 ℓ の式を求める。

テストに出る！

予想問題 ②

3章 一次関数
3節 一次関数の利用

🕐20分

/7問中

1 一次関数のグラフの利用　兄は午前9時に家を出発
し，東町までは自転車で走り，東町から西町までは歩
きました。右のグラフは，兄が家を出発してからの時
間と道のりの関係を表したものです。

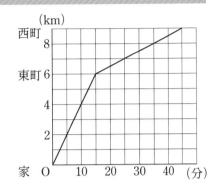

(1)　兄が東町まで自転車で走ったときの速さは，分速
何mか求めなさい。

(2)　兄が東町から西町まで歩いたときの速さは，分速
何mか求めなさい。

(3)　弟は午前9時15分に家を出発し，分速400mで，自転車で兄を追いかけました。弟が
兄に追いつく時刻を，グラフをかいて求めなさい。

2 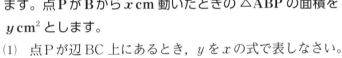　一次関数と図形　右の図の長方形 ABCD の
周上を，点PはBを出発して，C，Dを通ってAまで動き
ます。点PがBから x cm 動いたときの △ABP の面積を
y cm² とします。

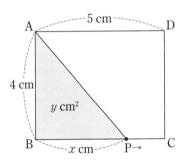

(1)　点Pが辺 BC 上にあるとき，y を x の式で表しなさい。

(2)　点Pが辺 CD 上にあるとき，y の値を求めなさい。

(3)　点Pが辺 AD 上にあるとき，y を x の式で表
しなさい。

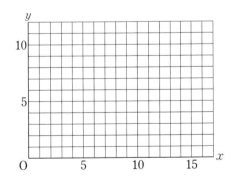

(4)　x と y の関係を表すグラフをかきなさい。

　2 (1)　$y = \frac{1}{2} \times AB \times BP$　(2)　$y = \frac{1}{2} \times AB \times AD$　(3)　$y = \frac{1}{2} \times AB \times AP$

テストに出る！
章末予想問題　3章 一次関数

① 30分

/100 点

1 次の㋐〜㋓のうち，y が x の一次関数であるものをすべて選び，記号で答えなさい。

〔5点〕

㋐　$y = \dfrac{2}{x}$　　　㋑　$y = -3x + 2$　　　㋒　$y = x$　　　㋓　$y = 5x^2$

2 次の㋐〜㋓の一次関数について，グラフが平行なものの組を選び，記号で答えなさい。

〔5点〕

㋐　$y = x + 3$　　　㋑　$y = \dfrac{2}{3}x$　　　㋒　$y = -3x + 3$　　　㋓　$y = \dfrac{2}{3}x + 1$

3 一次関数 $y = -2x + 2$ について，次の問いに答えなさい。　　　10点×2〔20点〕
(1)　この関数のグラフの傾きと切片をいいなさい。

(2)　x の増加量が3のときの y の増加量を求めなさい。

4 次の一次関数の式を求めなさい。　　　10点×3〔30点〕
(1)　$x = 4$ のとき $y = -3$ で，x の値が2だけ増加すると，y の値は1だけ減少する。

(2)　グラフが，2点 $(-1,\ 7)$，$(3,\ -5)$ を通る直線である。

(3)　グラフと x 軸との交点が $(3,\ 0)$，y 軸との交点が $(0,\ -4)$ である。

満点ゲット作戦

一次関数の式 $y=ax+b$ のグラフは，直線 $y=ax$ に平行で，
点 $(0,\ b)$ を通る直線。$a>0 \rightarrow$ 右上がり，$a<0 \rightarrow$ 右下がり

ココが **要点** を再確認　もう一歩　合格

0　　　　　　　　　　　70　　85　100点

5 水を熱しはじめてからの時間と水温の関
係は右の表のようになりました。熱しはじ
めてから x 分後の水温を y°C として，x

時間（分）	0	1	2	3	4
水温（°C）	22	28	34	39	46

と y の関係をグラフに表すと，ほぼ $(0,\ 22)$，$(4,\ 46)$ を通る直線上に並ぶことから，y は x の
一次関数とみることができます。　　　　　　　　　　　　　　　10点×2〔20点〕

⑴　y を x の式で表しなさい。

⑵　水温が 94°C になるのは，水を熱しはじめてから何分後だと予想できますか。

6 **差がつく**　姉は，家から 12 km 離れた東町まで
行き，しばらくしてから帰ってきました。右のグラ
フは，家を出発してから x 時間後の家からの道のり
を y km として，x と y の関係を表したものです。

10点×2〔20点〕

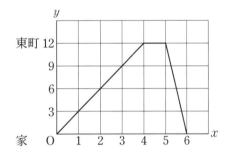

⑴　x の変域が $5 \leqq x \leqq 6$ のとき，y を x の式で表
しなさい。

⑵　姉が東町に着くと同時に，妹は家から時速 4 km の速さで歩いて東町に向かいました。
2 人は家から何 km 離れた地点で出会いますか。

1		
2		
3	⑴ 傾き　　　　　　　，切片	⑵
4	⑴　　　　　　　⑵	⑶
5	⑴　　　　　　　⑵	
6	⑴　　　　　　　⑵	

1節 平行と合同

テストに出る! 教科書の ココ が 要点

📖 さらっとまとめ (赤シートを使って，□に入るものを考えよう。)

1 角と平行線　教 p.96～p.100

・2つの直線が交わってできる4つの角のうち，向かいあっている2つの角を， 対頂角 という。

・ 対頂角 は等しい。

・2つの直線に1つの直線が交わるとき，次の①，②が成り立つ。

　① 2つの直線が 平行 ならば， 同位角 ， 錯角 は等しい。

　② 同位角 または 錯角 が等しいならば，この2つの直線は 平行 である。

2 多角形の角　教 p.101～p.107

・三角形の3つの 内角 の和は180°である。

・三角形の1つの 外角 は，そのとなりにない2つの内角の和に等しい。

・n角形の内角の和は， $180°×(n-2)$ である。

・多角形の外角の和は， 360° である。

✅ スピード確認 (□に入るものを答えよう。答えは，下にあります。)

□ 右の図で，対頂角は等しいので，
　∠a＝∠①，∠b＝∠②
　★向かいあっている角が対頂角である。

1

□ 右の図で，ℓ∥m のとき，
　∠xの同位角は∠③，
　∠xの錯角は∠④
　∠x＝70°ならば，∠a＝∠c＝⑤°，
　∠b＝∠d＝⑥°

□ 三角形の3つの内角の和は⑦°である。

□ 右の図で，∠xの大きさは，⑧°である。
　★115°＝∠x＋80° の関係より求める。

2

□ 十一角形の内角の和は，⑨°である。
　★180°×(11-2) より求める。

□ 九角形の外角の和は，⑩°である。
　★多角形の外角の和は，いつでも360°である。

① _____
② _____
③ _____
④ _____
⑤ _____
⑥ _____
⑦ _____
⑧ _____
⑨ _____
⑩ _____

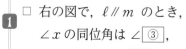

答 ①c ②d ③a ④c ⑤70 ⑥110 ⑦180 ⑧35 ⑨1620 ⑩360

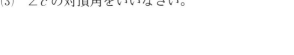

基礎力UP テスト対策問題

1 角と平行線　下の図で，$\ell \mathbin{/\!/} m$ のとき，次の問いに答えなさい。

(1)　∠a の同位角をいいなさい。

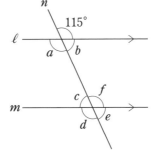

(2)　∠b の錯角をいいなさい。

(3)　∠c の対頂角をいいなさい。

(4)　∠a〜∠f の大きさを求めなさい。

2 多角形の内角の和　右の五角形について，次の問いに答えなさい。

(1)　1つの頂点から，何本の対角線がひけますか。

(2)　(1)の対角線によって，何個の三角形に分けられますか。

(3)　五角形の内角の和を求めなさい。

3 多角形の内角と外角　次の問いに答えなさい。

(1)　七角形の内角の和を求めなさい。

(2)　正八角形の1つの内角の大きさを求めなさい。

(3)　十角形の外角の和を求めなさい。

(4)　正十五角形の1つの外角の大きさを求めなさい。

テスト対策ナビ

ポイント

平行線の性質
1 同位角は等しい。
2 錯角は等しい。

2 (3) 三角形の内角の和が180°であることをもとにして，五角形の内角の和を導く。

絶対に覚える!

■ n 角形の内角の和
→ $180° \times (n-2)$
■ 多角形の外角の和
→ $360°$

正多角形の内角や外角の大きさは，すべて等しくなるね。

テストに出る！
予想問題 ①

4章 図形の調べ方
1節 平行と合同

⏱ 20分

／9問中

1 対頂角　右の図について，次の問いに答えなさい。

(1) ∠a の対頂角はどれですか。

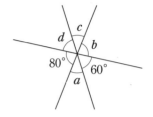

(2) ∠a, ∠b, ∠c, ∠d の大きさを求めなさい。

2 同位角・錯角　右の図について，ℓ∥m のとき，次の問いに答えなさい。

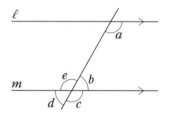

(1) ∠a の同位角，錯角はどれですか。

(2) ∠a＝120° のとき，∠b, ∠c, ∠d, ∠e の大きさを求めなさい。

3 平行線と角　右の図について，次の問いに答えなさい。

(1) 平行であるものを記号∥を使って示しなさい。

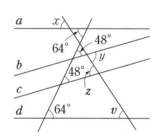

(2) ∠x, ∠y, ∠z, ∠v のうち，等しい角の組をいいなさい。

4 🔍よく出る　平行線と角　次の図で，ℓ∥m のとき，∠x の大きさを求めなさい。

(1)

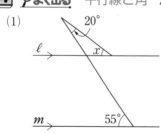

(2)

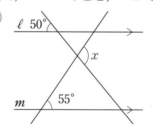

(3)

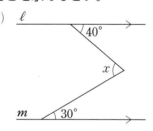

成績UPナビ

2 (2) ℓ∥m より，同位角は等しいから，∠a＝∠c である。

3 (1) 同位角または錯角が等しいならば，2直線は平行である。

テストに出る！
予想問題 ②　4章 図形の調べ方
1節 平行と合同
⏱20分
/9問中

1 多角形の外角の和の説明　右の六角形について，次の問いに答えなさい。

(1) 頂点Aの内角と外角の和は何度ですか。

(2) 6つの頂点の内角と外角の和をすべて加えると何度ですか。

(3) (2)から六角形の内角の和をひいて，六角形の外角の和を求めなさい。ただし，n 角形の内角の和が，$180°×(n-2)$ であることを使ってもよいです。

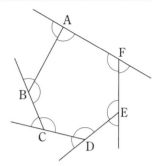

2 多角形の内角と外角　次の問いに答えなさい。

(1) 右の図のように，A，B，C，D，E，F，G，H を頂点とする多角形があります。この多角形の内角の和を求めなさい。

(2) 内角の和が 1440° である多角形は何角形か求めなさい。

(3) 1つの外角が 45° である正多角形は正何角形か求めなさい。

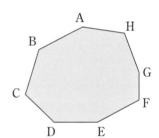

3 よく出る　多角形の内角と外角　次の図で，$∠x$ の大きさを求めなさい。

(1) 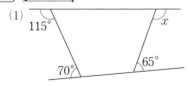 (2)  (3)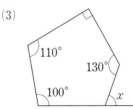

1 (3) 六角形の内角の和が，$180°×(6-2)$ であることをもとにして，六角形の外角の和を導く。
2 (2) $180°×(n-2)=1440°$ として，n についての方程式を解く。

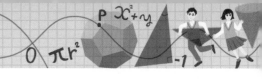

1節 平行と合同　2節 証明

テストに出る！ 教科書の **ココ**が**要点**

📖 さらっとまとめ （赤シートを使って，□に入るものを考えよう。）

1 三角形の合同　教 p.108～p.111

・四角形 ABCD と四角形 A′B′C′D′ が合同であることを，
　四角形 ABCD ≡ 四角形 A′B′C′D′ と表す。

・合同な図形では，対応する 線分の長さ や 角の大きさ は，それぞれ等しい。

・2つの三角形は，次の各場合に合同である。

　① 3組の辺 が，それぞれ等しい。

　② 2組の辺とその間の角 が，それぞれ等しい。

　③ 1組の辺とその両端の角 が，それぞれ等しい。

> 三角形の合同条件は，正しく覚えよう。

2 証明とそのしくみ　教 p.113～p.119

・「○○○ ならば □□□」ということがらでは，○○○の部分を 仮定 ，
　□□□の部分を 結論 という。

✓ スピード確認 （□に入るものを答えよう。答えは，下にあります。）

1

□ 右の図で，△ABC と △A′B′C′ が合
　同であるとき，△ABC ① △A′B′C′
　と表され，対応する線分は，
　AB＝A′B′，BC＝ ② ，CA＝ ③
　対応する角は，∠A＝∠A′，∠B＝∠ ④ ，∠C＝∠ ⑤

① ＿＿＿＿＿＿
② ＿＿＿＿＿＿
③ ＿＿＿＿＿＿
④ ＿＿＿＿＿＿
⑤ ＿＿＿＿＿＿

□ 右の図で △ABC≡ ⑥ である。
　合同条件は「 ⑦ が，それぞれ
　等しい」があてはまる。
　★記号≡を使うときは，対応する頂点を順に
　　並べる。

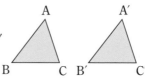

⑥ ＿＿＿＿＿＿
⑦ ＿＿＿＿＿＿

□ 右の図で △GHI≡ ⑧ である。
　合同条件は「 ⑨ が，それぞれ
　等しい」があてはまる。

⑧ ＿＿＿＿＿＿
⑨ ＿＿＿＿＿＿

2

□ 「xが8の倍数 ならば xは4の倍数」ということがらでは，
　「xが8の倍数」の部分を ⑩ ，「xは4の倍数」の部分を
　⑪ という。

⑩ ＿＿＿＿＿＿
⑪ ＿＿＿＿＿＿

答　①≡ ②B′C′ ③C′A′ ④B′ ⑤C′ ⑥△EFD ⑦2組の辺とその間の角
　　⑧△LKJ ⑨3組の辺 ⑩仮定 ⑪結論

基礎力UP テスト対策問題

1 合同な図形の性質　右の図で2つの四角形が合同であるとき，次の問いに答えなさい。

(1)　2つの四角形が合同であることを，記号≡を使って表しなさい。

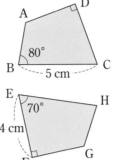

(2)　辺 CD，辺 EH の長さをそれぞれ求めなさい。

(3)　∠C，∠G の大きさをそれぞれ求めなさい。

(4)　対角線 AC，対角線 FH に対応する対角線をそれぞれ求めなさい。

2 三角形の合同条件　右の △ABC と △DEF において，AB＝DE，BC＝EF です。このほかにどんな条件をつけ加えれば，△ABC≡△DEF になりますか。つけ加える条件を1ついいなさい。また，そのときの合同条件をいいなさい。

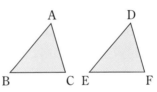

3 仮定と結論　次のことがらについて，仮定と結論をいいなさい。

(1)　△ABC≡△DEF ならば，∠A＝∠D である。

(2)　x が4の倍数 ならば，x は偶数である。

(3)　正三角形の3つの辺の長さは等しい。

テスト対策ナビ

ミス注意！

合同な図形を記号≡を使って表すとき，対応する頂点は同じ順に並べる。

1 (4)　合同な図形では，対応する対角線の長さも等しくなる。

対角線だけではなく，高さも等しくなるよ。

2 合同条件にあてはめて考える。

絶対に覚える！

○○○ならば□□□
仮定　　　　結論

テストに出る！
予想問題 ①

4章 図形の調べ方
1節 平行と合同　2節 証明

🕐20分
／2問中

1 🔍よく出る　三角形の合同条件　下の図で，合同な三角形が3組あります。それぞれを，記号 ≡ を使って表しなさい。また，そのときに使った合同条件をいいなさい。

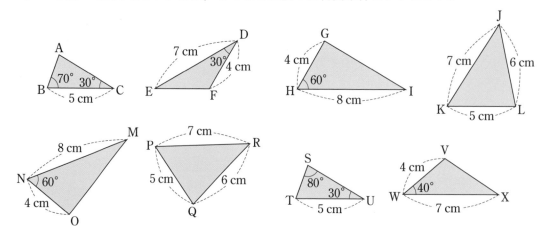

2 証明のしくみ　右の図で，AB＝DC，AB∥DC ならば，AO＝DO であることを証明します。すじ道は，下の図のようになります。□にあてはまる根拠となることがらを，次の⑦～⑰から選びなさい。

⑦　三角形の合同条件
⑦　合同な図形の性質
⑦　仮定
⑦　対頂角は等しい
⑦　2つの直線が平行ならば，同位角は等しい
⑦　2つの直線が平行ならば，錯角は等しい

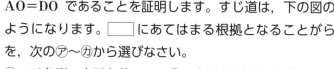

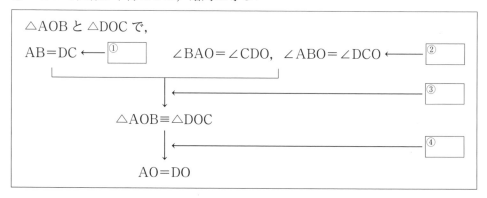

△AOB と △DOC で，

AB＝DC ←—①□　　∠BAO＝∠CDO，∠ABO＝∠DCO ←②□

→③□

△AOB≡△DOC

→④□

AO＝DO

成績UP↗ナビ

1 合同な図形の頂点は，対応する順に書く。
2 仮定から出発し，すでに正しいと認められていることがらを根拠にして，結論を導く。

4章 図形の調べ方
2節 証明

⏱ 20分

/ 4問中

1 証明の進め方　右の図で，AB＝CD，AB∥CD ならば，
AD＝CB となることを証明します。

(1) このことがらの仮定と結論をいいなさい。

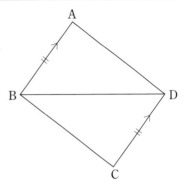

(2) 次の □ をうめて，証明のすじ道を完成させなさい。

△ABD と △CDB で，

$$
\left\{
\begin{array}{ll}
AB = \boxed{① } & \cdots\cdots 仮定 \\
BD = \boxed{② } & \cdots\cdots 共通な辺 \\
\angle ABD = \boxed{③ } & \cdots\cdots (ア)
\end{array}
\right.
$$

したがって，

$$\triangle ABD \equiv \boxed{④ } \quad \cdots\cdots(イ)$$

これより，

$$AD = \boxed{⑤ } \quad \cdots\cdots(ウ)$$

(3) (ア)〜(ウ)の根拠となっていることがらをいいなさい。

2 🔍よく出る　証明　右の図で，AB＝AC，AE＝AD ならば，
∠ABE＝∠ACD となることを証明しなさい。

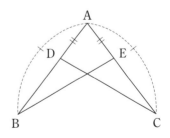

1 AD と CB を辺にもつ △ABD と △CDB の合同を示し，結論を導く。
2 △ABE≡△ACD となることを証明する。共通な角を見つける。

テストに出る！

章末予想問題

4章 図形の調べ方

⏱30分

/100点

1 右の図について，次の問いに答えなさい。　　　　　5点×4〔20点〕

(1) ∠e の同位角をいいなさい。

(2) ∠j の錯角をいいなさい。

(3) 直線①と②が平行であるとき，∠c＋∠h は何度
ですか。

(4) ∠c＝∠i のとき，∠g と大きさが等しい角をすべて答えなさい。

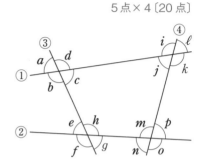

2 下の図で，∠x の大きさを求めなさい。　　　　　5点×9〔45点〕

(1)

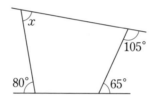

(2)

(3)

(4) ℓ∥m

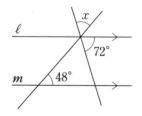

(5) ℓ∥m

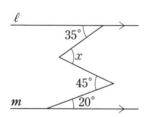

(6)

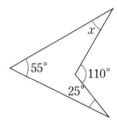

(7)

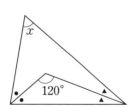

(8)

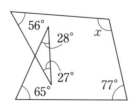

(9) ℓ∥m

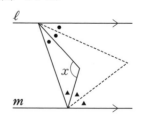

満点ゲット作戦
三角形の合同条件は，「3 組の辺」，「2 組の辺とその間の角」，
「1 組の辺とその両端の角」の 3 つ。

ココ が 要点 を再確認　もう一歩　合格
0　　　　　　　　70　　85　　100点

3 右の図で，AC＝AE，∠ACB＝∠AED ならば，
BC＝DE となることを，次のように証明しました。
□をうめ，(ア)，(イ)の根拠になっていることがらをい
いなさい。　　　　　　　　　　5点×5〔25点〕

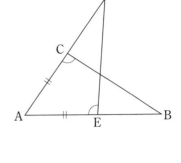

〔証明〕　△ABC と ⁽¹⁾□ で，

　仮定より，　　AC＝⁽²⁾□　……①

　　　　　　　∠ACB＝∠AED　……②

だから，

　　　　　　∠CAB＝∠EAD

　　　　　∠A は共通　　……③

①，②，③から，(　(ア)　) ので，

　　　　　△ABC≡⁽¹⁾□

(　(イ)　) ので，BC＝⁽³⁾□

4 差がつく　右の図で，AC＝DB，∠ACB＝∠DBC
ならば，AB＝DC となることを証明しなさい。〔10点〕

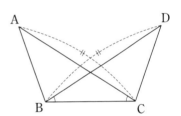

1	(1)	(2)	(3)	(4)

2	(1)	(2)	(3)
	(4)	(5)	(6)
	(7)	(8)	(9)

3	(1)	(2)	(3)
	(ア)		
	(イ)		

4	

5章 図形の性質と証明

1節 三角形

テストに出る！ **教科書の ココ が 要点**

さらっとまとめ（赤シートを使って，□に入るものを考えよう。）

1 二等辺三角形 **教** p.126～p.133

・使うことばの意味をはっきり述べたものを 定義 という。

・証明されたことがらのうち，基本になるものを 定理 という。

・二等辺三角形の定義… 2つの辺 が等しい三角形。

・二等辺三角形の長さの等しい2つの辺のつくる角を 頂角 ，
頂角に対する辺を 底辺 ，底辺の両端の角を 底角 という。

・二等辺三角形の性質（定理）…① 2つの底角 は等しい。
　　　　　　　　　　② 頂角の二等分線は，底辺を 垂直に2等分 する。

・ 2つの角 が等しい三角形は，等しい2つの角を 底角 とする二等辺三角形である。

・2つのことがらが，仮定と結論を入れかえた関係にあるとき，一方を他方の 逆 という。

・あることがらが正しくないことを説明するためには， 反例 を1つ示せばよい。

・正三角形の定義… 3つの辺 がすべて等しい三角形。

・正三角形の性質（定理）… 3つの角 は，すべて等しい。

2 直角三角形の合同 **教** p.135～p.138

・直角三角形で，直角に対する辺を 斜辺 という。

・直角三角形の合同条件…① 斜辺と 1つの鋭角 が，それぞれ等しい。
　　　　　　　　　　② 斜辺と 他の1辺 が，それぞれ等しい。

スピード確認（□に入るものを答えよう。答えは，下にあります。）

□ 右の図は，AB＝AC の二等辺三角形 ABC
で，AD は頂角の二等分線である。

(1) 二等辺三角形の ① は等しいから，
　　∠C＝∠B＝ ② °

(2) 頂角の二等分線は，底辺に垂直だから，
　　∠ADB＝ ③ °
　　∠BAD＝$180° － (90° ＋ ④ °)$
　　　　　＝ ⑤ °

(3) 頂角の二等分線は，底辺を垂直に2等分するから，
　　$BD＝\dfrac{1}{2}BC＝$ ⑥ cm

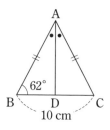

① _____

② _____

③ _____

④ _____

⑤ _____

⑥ _____

答 ①底角 ②62 ③90 ④62 ⑤28 ⑥5

基礎力UP テスト対策問題

1 二等辺三角形の性質　下のそれぞれの図で，同じ印をつけた辺や角は等しいとして，∠x の大きさを求めなさい。

(1)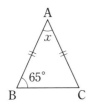

(2)

(3)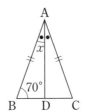

2 二等辺三角形になるための条件　右の図の △ABC で AB＝AC，BD＝CE のとき，△ADE は二等辺三角形になることを，次のように証明しました。□ をうめなさい。

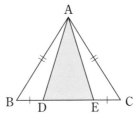

[証明]　△ABD と △⑦[　　　] で，

仮定より，　　AB＝④[　　　]　……①

　　　　　　　BD＝⑦[　　　]　……②

二等辺三角形 ABC の底角は等しいから，

　　∠ABD＝∠④[　　　]　……③

①，②，③から，⑦[　　　　　　　]　が，それぞれ等しい

ので，　　△ABD≡△⑦[　　　]

合同な図形では，対応する辺は等しいので，

　　　　AD＝AE

したがって，△ADE は二等辺三角形である。

3 直角三角形の合同　下の図で，合同な直角三角形の組をすべて見つけ，記号≡を使って表しなさい。また，そのとき使った合同条件をいいなさい。

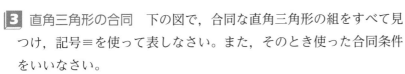

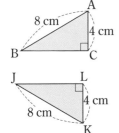
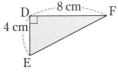

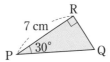

43

予想問題 ❶

5章 図形の性質と証明
1節 三角形

⏱ 20分

/ 5問中

１ 二等辺三角形　右の図の △ABC で, AD＝BD＝CD

のとき, 次の角の大きさを求めなさい。

(1)　∠ADB

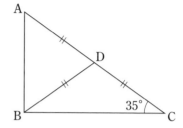

(2)　∠ABC

２ 二等辺三角形になるための条件　右の図の二等辺三角形

ABC で, 2つの底角の二等分線の交点をPとします。

(1)　△PBC はどのような三角形になりますか。

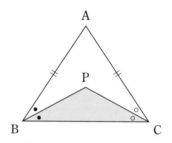

(2)　∠A＝68° のとき, ∠BPC の大きさを求めなさい。

３ 🔍よく出る　二等辺三角形になるための条件　右の図のよう

に, 長方形 ABCD を対角線 BD で折り返したとき, 重なっ

た部分の △FBD は二等辺三角形になることを証明しなさい。

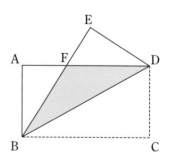

２ 2つの角が等しければ, その三角形は二等辺三角形である。

３ 長方形 ABCD は, AD∥BC であることを利用して, 2つの角が等しいことを導く。

テストに出る！
予想問題 ②

5章 図形の性質と証明
1節 三角形

⏱20分

/6問中

1 逆　次のことがらの逆をいいなさい。また，それが正しいかどうかを調べて，正しくない場合には反例を1つ示しなさい。

(1)　$a=4$，$b=3$ ならば，$a+b=7$ である。　　(2)　a，b が整数ならば，ab は整数である。

(3)　2つの直線に1つの直線が交わるとき，2つの直線が平行ならば，同位角は等しい。

2 直角三角形の合同　右の図で，△ABC は AB＝AC の二等辺三角形です。頂点 B，C から辺 AC，AB にそれぞれ垂線 BD，CE をひきます。

(1)　AD＝AE を証明するには，どの三角形とどの三角形が合同であることを示せばよいですか。

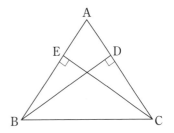

(2)　EC＝DB を証明するには，どの三角形とどの三角形が合同であることを示せばよいですか。また，そのときに使う直角三角形の合同条件をいいなさい。

3 ♀よく出る　直角三角形の合同　右の図のように，∠AOB の二等分線上の点Pがあります。点Pから直線 OA，OB へ垂線をひき，OA，OB との交点をそれぞれ C，D とします。このとき，PC＝PD であることを証明しなさい。

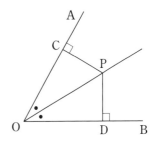

1 定理の逆は，定理の仮定と結論を入れかえたものである。
　　正しくないときは，反例を1つ示せばよい。

5章 図形の性質と証明

2節 四角形

さらっとまとめ（赤シートを使って，□に入るものを考えよう。）

1 平行四辺形の性質 教 p.139〜p.142

・平行四辺形の定義… 2組の 向かいあう辺 が，それぞれ 平行 な四角形。

・平行四辺形の性質（定理）… ① 2組の 向かいあう辺 は，それぞれ等しい。

② 2組の 向かいあう角 は，それぞれ等しい。

③ 対角線 は，それぞれの 中点 で交わる。

2 平行四辺形になるための条件 教 p.143〜p.146

・平行四辺形の定義と性質①〜③のどれか，または「1組の向かいあう辺が，等しくて平行 である」ことがいえればよい。

3 いろいろな四角形 教 p.147〜p.149

・長方形の定義… 4つの角 がすべて 等しい 四角形。

・ひし形の定義… 4つの辺 がすべて 等しい 四角形。

・正方形の定義… 4つの辺 がすべて 等しく， 4つの角 がすべて 等しい 四角形。

・長方形の対角線…長さが 等しい 。

・ひし形の対角線… 垂直 に交わる。

・正方形の対角線…長さが 等しく ， 垂直に 交わる。

4 平行線と面積 教 p.150〜p.151

・底辺が共通な三角形では，高さが等しければ 面積 も等しい。

例 右の図で，AD∥BC であるとき，△ABC＝△DBC

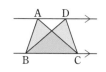

スピード確認（□に入るものを答えよう。答えは，下にあります。）

□ 右の □ABCD について答えなさい。

(1) 平行四辺形の向かいあう辺は，
等しいから，
BC＝AD＝ ① cm

(2) 平行四辺形の向かいあう角は，
等しいから，
∠BCD＝∠BAD＝ ② °

(3) 平行四辺形の対角線は，それぞれの ③ で交わるから，
BO＝DO＝$\frac{1}{2}$BD＝ ④ cm

① _____
② _____
③ _____
④ _____

答 ①6 ②120 ③中点 ④5

基礎力UP テスト対策問題

1 平行四辺形の性質　次の(1), (2)の $\Box$ABCD で，x, y の値をそれぞれ求めなさい。また，そのときに使った平行四辺形の性質をいいなさい。

(1)
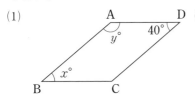

(2)
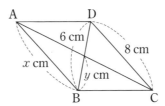

2 平行四辺形になるための条件　右の図の $\Box$ABCD の対角線の交点を O とし，対角線 BD 上に，BE＝DF となるように 2 点 E，F をとれば，四角形 AECF は平行四辺形になることを，次のように証明しました。□ をうめなさい。

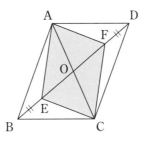

〔証明〕　平行四辺形の対角線は，それぞれの $\boxed{⑦}$ で交わるから，

$$OA=\boxed{④} \quad \cdots\cdots①$$

$$OB=\boxed{⑦} \quad \cdots\cdots②$$

仮定より，　　BE＝DF　　$\cdots\cdots③$

②，③から，　OE＝$\boxed{⑨}$　　$\cdots\cdots④$

①，④から，$\boxed{⑦}$ が，それぞれの $\boxed{⑦}$ で交わるので，

四角形 AECF は平行四辺形である。

3 平行線と面積　$\Box$ABCD の辺 BC の中点を E とします。

(1)　△AEC と面積が等しい三角形を 2 ついいなさい。

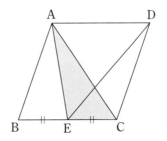

(2)　△AEC の面積が 20 cm² のとき，$\Box$ABCD の面積を求めなさい。

テスト対策ナビ

1 (1)　四角形の内角の和と平行四辺形の性質から，

$2x°＋2y°＝360°$ となることを利用する。

絶対に覚える！

平行四辺形になるための条件

① 2 組の向かいあう辺が，それぞれ平行。

② 2 組の向かいあう辺が，それぞれ等しい。

③ 2 組の向かいあう角が，それぞれ等しい。

④ 対角線が，それぞれの中点で交わる。

⑤ 1 組の向かいあう辺が，等しくて平行。

ポイント

底辺と高さが等しい 2 つの三角形の面積は等しい。

AD∥BC ⇔

△ABC＝△DBC

テストに出る!

予想問題 ①

5章 図形の性質と証明
2節 四角形

⏰20分

/5問中

1 平行四辺形の性質　右の図で，△ABC は AB＝AC の二等辺三角形です。また，点 D，E，F はそれぞれ辺 AB，BC，CA 上の点で，AC∥DE，AB∥FE です。

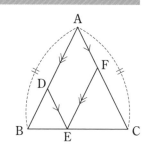

(1)　∠DEF＝52° のとき，∠C の大きさを求めなさい。

(2)　DE＝3 cm，EF＝5 cm のとき，辺 AB の長さを求めなさい。

2 🔍よく出る　平行四辺形の性質を使った証明　右の図の
▱ABCD で，∠BAE＝∠DCF のとき，AE＝CF となることを，次のように証明しました。□をうめなさい。

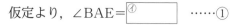

〔証明〕　△ABE と ⑦□ で，

仮定より，∠BAE＝⑦□ ……①

平行四辺形の向かいあう辺は，等しいので，

AB＝⑦□ ……②

平行四辺形の向かいあう角は，等しいので，

∠B＝⑦□ ……③

①，②，③から，⑦□ が，それぞれ等しいので，

△ABE≡⑦□

合同な図形では，対応する辺は等しいので，

AE＝CF

3 平行四辺形になるための条件　次のような四角形 ABCD は，平行四辺形であるといえますか。ただし，四角形 ABCD の対角線の交点を O とします。

(ア)　∠A＝68°，∠B＝112°，AD＝3 cm，BC＝3 cm

(イ)　OA＝OD＝2 cm，OB＝OC＝3 cm

1 四角形 ADEF は平行四辺形，△DBE，△FEC は二等辺三角形である。
3 図をかいて，平行四辺形になるための条件にあてはまるか考える。

5章 図形の性質と証明
2節 四角形

⏱20分

／4問中

1 特別な平行四辺形　下の図は，平行四辺形が長方形，ひし形，正方形になるためには，どんな条件を加えればよいかまとめたものです。□ にあてはまる条件を，⑦〜⑰の中からすべて選びなさい。

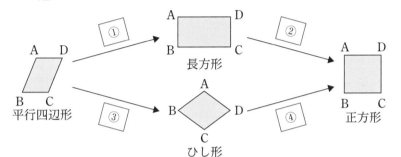

⑦　AD∥BC
⑦　AB＝BC
⑰　AC⊥BD
⑤　∠A＝90°
⑦　AB∥DC
⑰　AC＝BD

2 ひし形　右の図のような，対角線が垂直に交わる ▱ABCD について，次の問いに答えなさい。ただし，AC と BD との交点をOとします。

(1)　△ABO≡△ADO であることを証明しなさい。

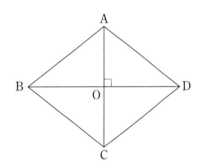

(2)　▱ABCD は，ひし形であることを証明しなさい。

3 🔍**よく出る**　平行線と面積　右の図で，BC の延長上に点Eをとり，四角形 ABCD と面積が等しい △ABE をかきなさい。また，下の □ をうめて，四角形 ABCD＝△ABE の証明を完成させなさい。

〔証明〕　四角形 ABCD＝△ABC＋ ⑦□

　　　△ABE＝△ABC＋ ⑦□

　　　AC∥DE から，△ACD＝ ⑰□

　　　したがって，四角形 ABCD＝△ABE

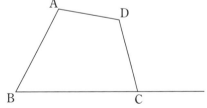

1 長方形，ひし形，正方形の定義と，それぞれの対角線の性質から考える。
3 点Dを通り，AC に平行な直線をひき，辺 BC の延長との交点をEとする。

49

テストに出る!

章末予想問題

5章 図形の性質と証明

① 30分

/100点

1 次の図で，同じ印をつけた辺や角は等しいとして，∠x，∠y の大きさを求めなさい。

10点×3〔30点〕

(1)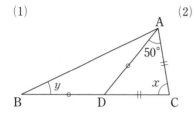

(2)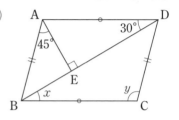

(3)

2 右の図で，△ABC は AB＝AC の二等辺三角形です。
BE＝CD のとき，△FBC は二等辺三角形になります。このこと
を，△EBC と △DCB の合同を示すことによって証明しなさい。

〔15点〕

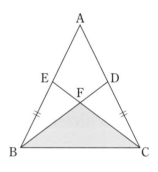

3 右の図で，△ABC は ∠A＝90° の直角二等辺三角形で
す。∠B の二等分線が辺 AC と交わる点をDとし，D から
辺 BC に垂線 DE をひきます。 10点×2〔20点〕

(1) △ABD と合同な三角形を記号≡を使って表しなさい。
また，そのときに使った合同条件をいいなさい。

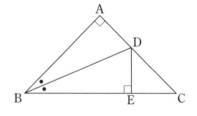

(2) 線分 DE と長さの等しい線分を2ついいなさい。

4 右の図で，▱ABCD の ∠BAD，∠BCD の二等分線と
辺 BC，AD との交点を，それぞれ P，Q とします。このと
き，四角形 APCQ が平行四辺形になることを証明しなさ
い。 〔15点〕

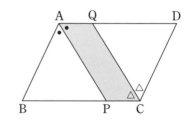

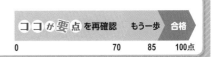

満点ゲット作戦

特別な三角形，四角形の定義や性質（定理）は絶対暗記。
面積が等しい三角形は，平行線に注目して考える。

ココが要点を再確認　もう一歩　合格
0　　　70　　85　　100点

5 右の図の長方形 ABCD で，P，Q，R，S はそれぞれ辺 AB，
BC，CD，DA の中点です。四角形 PQRS は，どんな四角形に
なりますか。　〔10点〕

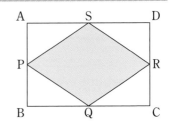

6 差がつく　右の図で，□ABCD の対角線 AC に平行な
直線をひき，辺 AB，BC との交点をそれぞれ E，F としま
す。このとき，△AED と面積が等しい三角形をすべて答
えなさい。　〔10点〕

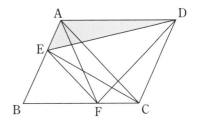

1	(1) ∠$x=$　　，∠$y=$	(2) ∠$x=$　　，∠$y=$
	(3) ∠$x=$　　，∠$y=$	
2		
3	(1)	
	(2)	
4		
5		
6		

1 /30点　2 /15点　3 /20点　4 /15点　5 /10点　6 /10点

6章 場合の数と確率

1節 場合の数と確率

テストに出る！ 教科書の ココ が 要点

📖 さらっとまとめ （赤シートを使って，□に入るものを考えよう。）

1 確率の求め方 📕 p.160〜p.162

・どの場合が起こることも同じ程度であると考えられるとき，
　 同様に確からしい という。
・起こる場合が全部で n 通りあり，そのどれが起こることも 同様に確からしい とする。
　そのうち，ことがらAの起こる場合が a 通りであるとき，

　　ことがらAの起こる確率　$p = \dfrac{a}{n}$ $(0 \leqq p \leqq 1)$

・$p = 1$ のとき，そのことがらはかならず起こる。
・$p = 0$ のとき，そのことがらはけっして起こらない。

☑ スピード確認 （□に入るものを答えよう。答えは，下にあります。）

□ （Aの起こる確率）＝ $\dfrac{(\boxed{①}\text{ 場合の数})}{(\text{起こりうるすべての場合の数})}$

① _____

□ 確率 p の範囲は，$\boxed{②} \leqq p \leqq \boxed{③}$ である。

② _____

★けっして起こらないことがらの確率は 0，かならず起こることがらの
　確率は 1 である。

③ _____

④ _____

□ 赤玉3個，緑玉2個，黄玉1個がはいっている袋から玉を1個
　取り出す。

⑤ _____

(1) 赤玉が出る確率は，$\dfrac{\boxed{④}}{6} = \dfrac{\boxed{⑤}}{2}$

⑥ _____

★玉は袋に6個はいっているから，玉の取り出し方は，全部で6通り。

⑦ _____

(2) 赤玉または黄玉が出る確率は，$\dfrac{\boxed{⑥}}{6} = \dfrac{\boxed{⑦}}{3}$

⑧ _____

⑨ _____

(3) 白玉が出る確率は，$\dfrac{\boxed{⑧}}{6} = \boxed{⑨}$

⑩ _____

★袋に白玉ははいっていない。

⑪ _____

(4) 赤玉または緑玉または黄玉が出る確率は，$\dfrac{\boxed{⑩}}{6} = \boxed{⑪}$

★かならず起こる確率である。

答 ①Aの起こる ②0 ③1 ④3 ⑤1 ⑥4 ⑦2 ⑧0 ⑨0 ⑩6 ⑪1

基礎力UP テスト対策問題

テスト対策★ナビ

1 同様に確からしいこと　ジョーカーを除く 52 枚のトランプから 1 枚ひくとき，⑦，⑦のことがらの起こりやすさは同じであるといえますか。

⑦　赤いマーク（ハートまたはダイヤ）のカードをひく

⑦　黒いマーク（クラブまたはスペード）のカードをひく

2 確率の求め方　1 つのさいころを投げるとき，次の問いに答えなさい。

(1)　目の出かたは，全部で何通りありますか。

(2)　どの目が出ることも，同様に確からしいといえますか。

(3)　出る目の数が奇数である場合は，何通りありますか。

(4)　出る目の数が奇数である確率を求めなさい。

(5)　出る目の数が 3 の倍数である確率を求めなさい。

(6)　出る目の数が 6 の約数である確率を求めなさい。

3 確率の求め方　1〜10 までの数を 1 つずつ記入した 10 枚のカードがあります。このカードを箱に入れて 1 枚取り出すとき，次の確率を求めなさい。

(1)　1 けたの数のカードを取り出す確率

(2)　11 以上の数のカードを取り出す確率

絶対に覚える！

（Aの起こる確率）
$=\dfrac{（Aの起こる場合の数）}{（すべての場合の数）}$

---

2 (2)　さいころは，正しく作られているものとして考える。

(5)　3 の倍数となるのは，3，6。

(6)　6 の約数となるのは，1，2，3，6。

ある整数をわり切ることができる整数が約数だよ。

ポイント

かならず起こることがらの確率は 1
けっして起こらないことがらの確率は 0

テストに出る！
予想問題 ①

6章 場合の数と確率
1節 場合の数と確率

⏱ 20分

／2問中

1 確率の意味　3の目が出る確率が $\frac{1}{6}$ であるさいころがあります。このさいころを投げる

とき，どのようなことがいえますか。下の①〜⑥の中から正しいものをすべて選びなさい。

① 6回投げるとき，1から6までの目がかならず1回ずつ出る。

② 5回投げて，3の目が1度も出ないときは，6回目にかならず3の目が出る。

③ 1200回投げるとき，3の目はおよそ200回出る。

④ 300回投げるとき，3の目はかならず50回出る。

⑤ さいころを1回投げるとき，3の目が出る確率と4の目が出る確率は等しい。

⑥ さいころを1回投げて3の目が出たから，次にこのさいころを投げるときは，4の目が

出る確率は $\frac{1}{6}$ より大きくなる。

2 確率の意味　1〜7までの数を1つずつ記入した7枚のカードがあります。このカードを

箱に入れて1枚取り出すとき，㋐，㋑のことがらの起こりやすさは同じであるといえますか。

㋐ 偶数のカードを取り出す

㋑ 奇数のカードを取り出す

1 確率が $\frac{1}{6}$ とは，ほぼ6回に1回起こることが期待されるということである。

テストに出る！

予想問題 ❷

6章 場合の数と確率
1節 場合の数と確率

⏱20分

／7問中

1 確率の求め方　赤玉4個, 白玉5個, 青玉3個が入った袋があります。この袋の中から玉を1個取り出すとき, 次の確率を求めなさい。

(1) 白玉が出る確率

(2) 赤玉または白玉が出る確率

(3) 赤玉または白玉または青玉が出る確率

2 🔍よく出る　確率の求め方　ジョーカーを除く1組52枚のトランプから1枚ひくとき, 次の確率を求めなさい。

(1) ひいた1枚のカードが, ダイヤである確率

(2) ひいた1枚のカードが, K（キング）である確率

(3) ひいた1枚のカードが, 絵札である確率

(4) ひいた1枚のカードが, 18である確率

成績 UP ナビ
　2 (3) 絵札は J, Q, K のことである。

6章 場合の数と確率

1節 場合の数と確率

テストに出る！ 教科書の **ココ** が **要点**

📄 さらっとまとめ（赤シートを使って，□に入るものを考えよう。）

1 いろいろな確率 **教** p.163〜p.167

・考えられるすべての場合を順序よく整理して数えるのに，樹形図 が利用される。

例 2枚の硬貨を同時に投げるとき，表裏の出かたは，右の樹形図
より，4通りある。

・Aの起こる確率を p とすると，

Aの起こらない確率 $= 1 - p$

例 1つのさいころを投げたとき，1の目の出ない確率は，

$$1 - \frac{1}{6} = \frac{5}{6}$$

✅ スピード確認（□に入るものを答えよう。答えは，下にあります。）

□ 大小2つのさいころを同時に投げる。

(1) 出る目の数の和が7になる確率は，
右の表より，出る目の数の和が7に
なる場合が ① 通りあるので，

$$\frac{①}{36} = \frac{②}{6}$$

小／大	1	2	3	4	5	6
1	2	3	4	5	6	⑦
2	3	4	5	6	⑦	8
3	4	5	6	⑦	8	9
4	5	6	⑦	8	9	10
5	6	⑦	8	9	10	11
6	⑦	8	9	10	11	12

(2) 出る目の数の和が4になる確率は，
出る目の数の和が4になる場合が ③ 通りあるので，

$$\frac{③}{36} = \frac{④}{12}$$

(3) 出る目の数の和が9以上になる確率は，

$$\frac{⑤}{36} = \frac{⑥}{18}$$

① ____
② ____
③ ____
④ ____
⑤ ____
⑥ ____
⑦ ____
⑧ ____
⑨ ____

□ 2枚の硬貨を同時に投げるとき，少なくとも1枚は
表が出る確率を考える。2枚とも裏になる確率は，

$$\frac{⑦}{4}$$ だから，少なくとも1枚は表が出る確率は，

$$⑧ - \frac{1}{4} = \frac{⑨}{4}$$

★（少なくとも1枚は表が出る確率）＝1−（2枚とも裏が出る確率）

答 ①6 ②1 ③3 ④1 ⑤10 ⑥5 ⑦1 ⑧1 ⑨3

基礎力UP テスト対策問題

1 いろいろな確率　箱の中に，①，②，③の3枚のカードがはいっています。この箱から2枚のカードを続けて取り出し，取り出した順に並べて2けたの整数をつくります。

(1) カードの取り出し方が全部で何通りあるか，樹形図をかいて求めなさい。

(2) その整数が3の倍数になる確率を求めなさい。

2 いろいろな確率　2つのさいころを同時に投げるとき，出る目の数の和について，次の問いに答えなさい。

(1) 右の表は，2つのさいころを，A，Bで表し，出る目の数の和を調べたものです。空欄をうめなさい。

A＼B	1	2	3	4	5	6
1	2	3				
2	3					
3						
4						
5						
6						

(2) 出る目の数の和が8になる確率を求めなさい。

(3) 出る目の数の和が4の倍数になる確率を求めなさい。

3 起こらない確率　1つのさいころを投げるとき，次の確率を求めなさい。

(1) 偶数の目が出る確率　　(2) 偶数の目が出ない確率

(3) 4以下の目が出る確率　　(4) 4以下の目が出ない確率

テスト対策ナビ

ポイント

数えもれがないように，樹形図をかく。

2 (2) 和が8になる場合が，何通りあるか，表から求める。

4の倍数になるのは，4，8，12のときがあるね。

絶対に覚える!

ことがらAの
起こらない確率
＝1－(Aの起こる確率)

57

テストに出る！

予想問題 ①

6章 場合の数と確率
1節 場合の数と確率

⏱ 20分

／6問中

1 🔍**よく出る** 場合の数　3人がけのいすに，A，B，Cの3人ですわります。

(1) 右の樹形図は，3人がすわる順番が何通りあるかを調べるために途中までかいたものです。

樹形図を完成させて，3人のすわり方が何通りあるか求めなさい。

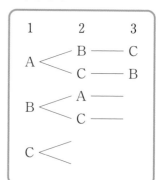

(2) Cがまん中の席になる場合は，何通りありますか。

2 いろいろな確率　右の表は，2つのさいころA，Bを同時に投げるとき，出る目の数について，さいころAの目が2，さいころBの目が3の場合を (2, 3) と表し，起こりうるすべての場合を表にしたものです。

(1) 目の出かたは全部で何通りありますか。

A＼B	1	2	3	4	5	6
1	(1, 1)	(1, 2)	(1, 3)	(1, 4)	(1, 5)	(1, 6)
2	(2, 1)	(2, 2)	(2, 3)	(2, 4)	(2, 5)	(2, 6)
3	(3, 1)	(3, 2)	(3, 3)	(3, 4)	(3, 5)	(3, 6)
4	(4, 1)	(4, 2)	(4, 3)	(4, 4)	(4, 5)	(4, 6)
5	(5, 1)	(5, 2)	(5, 3)	(5, 4)	(5, 5)	(5, 6)
6	(6, 1)	(6, 2)	(6, 3)	(6, 4)	(6, 5)	(6, 6)

(2) 目の数の積が6になる確率を求めなさい。

(3) 目の数の和が10になる確率を求めなさい。

(4) 2個とも偶数の目が出る確率を求めなさい。

2 (2) 積が6になるのは，(1, 6)，(2, 3)，(3, 2)，(6, 1) の4通りある。

　　(3) 和が10になるのは，(4, 6)，(5, 5)，(6, 4) の3通りある。

テストに出る！

予想問題 ❷

6章 場合の数と確率
1節 場合の数と確率

🕐 20分

/10問中

1 いろいろな確率　赤玉3個と白玉2個がはいった袋があります。この袋から，同時に2個の玉を取り出します。

(1) 赤玉3個を①，②，③，白玉2個を4，5として区別し，取り出し方が全部で何通りあるかを，樹形図をかいて求めなさい。

(2) 2個とも赤玉である確率を求めなさい。

(3) 赤玉と白玉が1個ずつである確率を求めなさい。

2 起こらない確率　3枚の10円硬貨を同時に投げます。

(1) 3枚の硬貨をA，B，Cと区別し，表が出たときを㋞，裏が出たときを㋫と表して，表裏の出かたを樹形図に表しなさい。

(2) 3枚とも表になる確率を求めなさい。

(3) 少なくとも1枚は裏になる確率を求めなさい。

3 💡よく出る　確率による説明　5本のうち，あたりが3本はいっているくじがあります。
A，Bの2人が，この順に1本ずつくじをひきます。ただし，ひいたくじは，もとにもどさないことにします。

(1) あたりくじに①，②，③，はずれくじに④，⑤の番号をつけ，A，Bのくじのひき方が何通りあるか，樹形図をかいて調べなさい。

(2) 次の確率を求めなさい。
　① さきにひいたAがあたる確率　　　② あとにひいたBがあたる確率

(3) くじをさきにひくのと，あとにひくのとで，どちらがあたりやすいですか。

2 (3) 「少なくとも1枚は裏になる」とは，「3枚とも表」にはならない場合のことである。
3 (3) (2)で求めた確率をくらべる。

テストに出る!

章末予想問題

6章 場合の数と確率

⏱ 30分

/100点

1 次の文章は，さいころの目の出かたについて説明したものです。⑦〜②のうち，正しいものを選びなさい。 〔10点〕

⑦ さいころを6回投げるとき，1の目はかならず1回出る。

④ さいころを1回投げるとき，偶数の目が出る確率と奇数の目が出る確率は同じである。

⑨ さいころを1回投げるとき，1の目の方が6の目よりも出やすい。

② さいころを1回投げて6の目が出たら，次にこのさいころを投げるときは，6の目が出る確率は $\frac{1}{6}$ より小さくなる。

2 右の5枚のカードを箱に入れて，そこから2枚のカードを取り出し，さきに取り出した方を十の位の数，あとから取り出した方を一の位の数とする2けたの整数をつくります。 7点×3〔21点〕

(1) 2けたの整数は何通りできますか。

(2) その整数が偶数になる確率を求めなさい。

(3) その整数が5の倍数になる確率を求めなさい。

3 A，Bの2人の男子と，C，Dの2人の女子がいます。この中から，くじで班長と副班長を1人ずつ選びます。 8点×3〔24点〕

(1) 選び方は全部で何通りありますか。

(2) 男子1人，女子1人が選ばれる確率を求めなさい。

(3) Aが班長，Cが副班長に選ばれる確率を求めなさい。

満点ゲット作戦
確率は樹形図や表をかいて，数えもれがないようにしよう。
2つ選んだ（A，B），（B，A）などは，区別するかどうかを考えよう。

ココが要点を再確認　もう一歩　合格
0　　　　70　85　100点

4 テニス部員の A，B，C，D，E の5人の中から，くじで2人を選んでダブルスのチームを
つくります。このとき，チームの中にAがふくまれる確率を求めなさい。　　〔15点〕

5 差がつく　2つのさいころ A，B を同時に投げるとき，さいころAの出た目を a，さいこ
ろBの出た目を b とします。　　10点×3〔30点〕

（1）　$ab=20$ になる確率を求めなさい。

（2）　$a-b=2$ になる確率を求めなさい。

（3）　$\dfrac{a}{b}$ が整数になる確率を求めなさい。

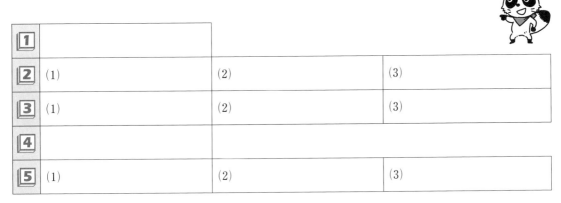

1			
2	(1)	(2)	(3)
3	(1)	(2)	(3)
4			
5	(1)	(2)	(3)

1 /10点	**2** /21点	**3** /24点	**4** /15点	**5** /30点

1節 箱ひげ図

テストに出る！ 教科書の **ココ** が **要点**

📖 **さらっとまとめ**（赤シートを使って，□に入るものを考えよう。）

1 箱ひげ図 教 p.174～p.178

・データの値を小さい順に並べたとき，前半部分の中央値を 第1四分位数 ，データ全体
の中央値を 第2四分位数 ，後半部分の中央値を 第3四分位数 という。

・これらをあわせて， 四分位数 という。

例 データが奇数個あるときの四分位数

例 データが偶数個あるときの四分位数

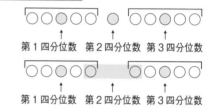

・四分位数と最小値，最大値を1つの図に
まとめたものを， 箱ひげ図 という。複
数のデータの分布を比較するときに用い
ることがある。

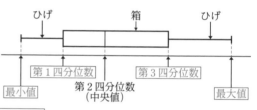

・第3四分位数と第1四分位数の差を， 四分位範囲 という。

☑ **スピード確認**（□に入るものを答えよう。答えは，下にあります。）

1

□ 小さい順に並べたデータが9個ある。

  (1) 第2四分位数は ① 番目の値である。

  (2) 第1四分位数は ② 番目と ③ 番目の平均値である。

  ★前半部分の中央値なので，前半部分が偶数個のときは，
   中央2個のデータの平均値となる。

  (3) 第3四分位数は ④ 番目と ⑤ 番目の平均値である。

□ （四分位範囲）＝（第 ⑥ 四分位数）－（第 ⑦ 四分位数）

□ 箱ひげ図で，箱にふくまれるのは，そのデータの第 ⑧ 四分位
数から第 ⑨ 四分位数までの値である。

□ 箱ひげ図では，ヒストグラムではわかりにくい ⑩ 値を基準と
した散らばりのようすがとらえやすい。

① _____
② _____
③ _____
④ _____
⑤ _____
⑥ _____
⑦ _____
⑧ _____
⑨ _____
⑩ _____

答 ①5 ②2 ③3 ④7 ⑤8 ⑥3 ⑦1 ⑧1 ⑨3 ⑩中央

基礎力UP テスト対策問題

テスト対策★ナビ

1 **四分位範囲と箱ひげ図** 次のデータは，14人の生徒の通学時間を調べ，短いほうから順に整理したものです。このデータについて，次の問いに答えなさい。

6	7	8	10	10	12	13
15	15	15	18	20	23	28	（単位：分）

(1) 四分位数をすべて求めなさい。

(2) 四分位範囲を求めなさい。

(3) 箱ひげ図をかきなさい。

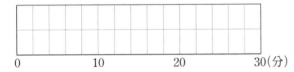

0　　　　　　10　　　　　　20　　　　　　30(分)

ポイント

第1四分位数は，前半部分の中央値で，第3四分位数は，後半部分の中央値と考えるとわかりやすい。

1 (2) 四分位範囲は，
（第3四分位数）
−（第1四分位数）
で求める。
(3) 箱ひげ図は，最小値，3つの四分位数，最大値を，順にかいていく。

2 **四分位範囲と箱ひげ図** 下の図は，1組と2組のそれぞれ27人が，50点満点のテストを受けたときの得点の分布のようすを箱ひげ図に表したものです。この図から読みとれることとして，㋐〜㋓のそれぞれについて，正しいものには○，正しくないものには×，この図からはわからないものには△をつけなさい。

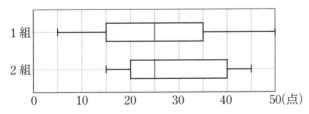

0　　10　　20　　30　　40　　50(点)

㋐　どちらの組も，データの範囲は等しい。

㋑　どちらの組も，平均点は等しい。

㋒　どちらの組にも，得点が15点の生徒がかならずいる。

㋓　得点が40点以上の生徒の人数は，2組の方が多い。

中央値と平均値のちがいに気をつけよう。

テストに出る!

章末予想問題　7章 箱ひげ図とデータの活用

⏱ 15分

/100点

1 次のヒストグラムは，⑦〜⑨の箱ひげ図のいずれかに対応しています。その箱ひげ図を記号で答えなさい。

20点×3〔60点〕

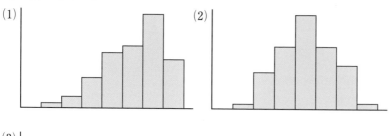

(1)　(2)

(3)

2 差がつく　下の図は，バスケットボールチームのメンバーであるAさん，Bさん，Cさんの，1試合ごとの得点数の分布のようすを，箱ひげ図に表したものです。このとき，箱ひげ図から読みとれることとして正しくないものをいいなさい。

〔40点〕

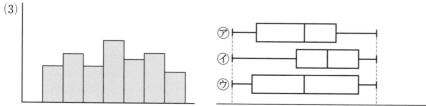

⑦　いずれの人も，1試合で45点をあげたことがある。

①　いずれの人も，半分以上の試合で25点以上あげている。

⑦　四分位範囲がもっとも小さいのは，Bさんである。

⑨　AさんとCさんのデータの中央値は等しい。

1 (1)	(2)	(3)
2		

中間・期末の攻略本

解答と解説

啓林館版　数学2年

取りはずして使えます!

1章　式の計算

1 (1) 係数…-5　　　　次数…3

(2) 項…$4x$, $-3y^2$, 5　次数…2

2 (1) $3x+10y$　　　(2) $8x-7y$

(3) $2x-3y$　　　(4) $10x-15y+30$

(5) $5x-3y$　　　(6) $8x+3y$

3 (1) $12xy$　　　(2) $-12abc$

(3) $32x^2y^2$　　　(4) $9x$

(5) $-2b$　　　(6) $-3ab$

解説

1 (2) 多項式の次数は，多項式の各項の次数の
うちでもっとも大きいものだから，

$4x+(-3y^2)+5$　より，次数は 2

次数1　次数2 定数の項

2 (3) $(5x-7y)-(3x-4y)$

$=5x-7y-3x+4y=2x-3y$

(5) $(-20x+12y)\div(-4)$

$=\dfrac{20x}{4}-\dfrac{12y}{4}=5x-3y$

(6) $5(2x-y)-2(x-4y)$

$=10x-5y-2x+8y=8x+3y$

3 (2) $(-4ab)\times 3c$

$=(-4)\times 3\times a\times b\times c=-12abc$

(3) $-8x^2\times(-4y^2)$

$=(-8)\times(-4)\times x\times x\times y\times y=32x^2y^2$

(4) $36x^2y\div 4xy=\dfrac{36x^2y}{4xy}=\dfrac{\overset{9}{\cancel{36}}\times\overset{1}{\cancel{x}}\times x\times\overset{1}{\cancel{y}}}{\underset{1}{\cancel{4}}\times\underset{1}{\cancel{x}}\times\underset{1}{\cancel{y}}}=9x$

(6) $(-9ab^2)\div 3b=-\dfrac{9ab^2}{3b}=-\dfrac{\overset{3}{\cancel{9}}\times a\times\overset{1}{\cancel{b}}\times b}{\underset{1}{\cancel{3}}\times\underset{1}{\cancel{b}}}$

$=-3ab$

---

1 (1) 項…x^2y, xy, $-3x$, 2　　三次式

(2) 項…$-s^2t^2$, st, 8　　四次式

2 (1) $4x^2-2x$　　　(2) $7ab$

(3) $7a-4b$　　　(4) $-3a+1$

(5) $4a-b$　　　(6) $4x-5y+8$

3 (1) $-12a+4b-8$　(2) $2x+y-5$

(3) $-9x+15y$　　　(4) $-8a+6b-2$

4 (1) $7x+2y-5$　　(2) $\dfrac{1}{5}a-\dfrac{1}{10}b$

(3) $\dfrac{-4a-7b}{6}$　　(4) $\dfrac{4x-5y}{7}$

解説

2 **ポイント**　$-(\ )$ の形のかっこをはずすと
きは，各項の符号が変わるので注意する。

(4) $(a^2-4a+3)-(a^2+2-a)$

$=a^2-4a+3-a^2-2+a=-3a+1$

(6) ひく式の各項の符号を変えて加えてもよい。

$$\begin{array}{r}5x-2y\\-)\ x+3y-8\end{array}\quad\Rightarrow\quad\begin{array}{r}5x-2y\\+)-x-3y+8\\\hline 4x-5y+8\end{array}$$

3 **ミス注意!**　負の数をかけるときは，符号に注
意する。

(2) $(-6x-3y+15)\times\left(-\dfrac{1}{3}\right)$

$=-6x\times\left(-\dfrac{1}{3}\right)-3y\times\left(-\dfrac{1}{3}\right)+15\times\left(-\dfrac{1}{3}\right)$

$=2x+y-5$

4 **ポイント**　通分してから，分子を計算する。

(3) $\dfrac{2a-3b}{2}-\dfrac{5a-b}{3}$

$=\dfrac{3(2a-3b)-2(5a-b)}{6}$

$=\dfrac{6a-9b-10a+2b}{6}=\dfrac{-4a-7b}{6}$

(4) $x-y-\dfrac{3x-2y}{7}=\dfrac{7(x-y)-(3x-2y)}{7}$

$=\dfrac{7x-7y-3x+2y}{7}=\dfrac{4x-5y}{7}$

p.5 予想問題 ❷

1 (1) ① **−3** ② **35**

(2) ① **7** ② **−11**

2 (1) $\boldsymbol{6x^2y}$ (2) $\boldsymbol{-3mn}$

(3) $\boldsymbol{-5x^3}$ (4) $\boldsymbol{-2ab^2}$

3 (1) $\boldsymbol{4b}$ (2) $\boldsymbol{\dfrac{ab^2}{5}}$

(3) $\boldsymbol{-27y}$ (4) $\boldsymbol{-\dfrac{2b}{a}}$

解説

2 ミス注意! $(-b)^2$ と $-b^2$ の違いに注意！

(4) $-2a\times(-b)^2$

$=-2a\times(-b)\times(-b)=-2ab^2$

3 ポイント 除法は，乗法になおして計算する。わる式の逆数をかければよい。

(3) $\dfrac{1}{3}xy$ の逆数は，$3xy$ ではない。

$\dfrac{1}{3}xy=\dfrac{xy}{3}$ だから，逆数は $\dfrac{3}{xy}$

$(-9xy^2)\div\dfrac{1}{3}xy=(-9xy^2)\times\dfrac{3}{xy}$

$=-\dfrac{9\times \overset{1}{\cancel{x}}\times \overset{1}{\cancel{y}}\times y\times 3}{\underset{1}{\cancel{x}}\times\underset{1}{\cancel{y}}}=-27y$

p.7 テスト対策問題

1 (1) $\boldsymbol{48a^2b^2}$ (2) $\boldsymbol{-3y^2}$

(3) $\boldsymbol{12a^3}$ (4) $\boldsymbol{-3x}$

2 $\boldsymbol{3n}$

3 (1) ㋑，㋒ (2) ㋕，㋖

4 (1) $\boldsymbol{x=2y-3}$ (2) $\boldsymbol{x=2y+6}$

(3) $\boldsymbol{x=-2y+4}$ (4) $\boldsymbol{y=\dfrac{7x-11}{6}}$

解説

1 ポイント ÷のうしろにある式が分母！

(3) $-18a^2\div6b\times(-4ab)$

$=\dfrac{18a^2\times4ab}{6b}=12a^3$

2 連続する 3 つの整数は，中央の数を n とすると，

$n-1,\ n,\ n+1$

と表される。このとき，これらの和は，

$(n-1)+n+(n+1)=3n$

4 (3) $5x+10y=20$

$5x=-10y+20$

$x=-2y+4$

(4) $7x-6y=11$

$-6y=-7x+11$

$y=\dfrac{7x-11}{6}$

p.8 予想問題 ❶

1 (1) $\boldsymbol{x^2y}$ (2) $\boldsymbol{2a^2b}$

(3) $\boldsymbol{\dfrac{a^4}{3}}$ (4) $\boldsymbol{-\dfrac{1}{x^2}}$

(5) $\boldsymbol{-8a^3b}$ (6) **2**

2 ① **1** ② **偶数（2 の倍数）**

③ **1**

3 (1) **縦に 3 つ囲んだ数のうち，中央の数を n とすると，3 つの数は，**

$n-7$，n，$n+7$

と表される。このとき，それらの和は，

$(n-7)+n+(n+7)$

$=3n$

したがって，縦に 3 つ囲んだ数の和は中央の数の 3 倍である。

(2) **(例) 3 の倍数**

解説

1 (5) $\dfrac{2}{3}a^2\div\dfrac{5}{6}ab\times(-10a^2b^2)$

$=\dfrac{2a^2}{3}\div\dfrac{5ab}{6}\times(-10a^2b^2)$

$=\dfrac{2a^2}{3}\times\dfrac{6}{5ab}\times(-10a^2b^2)$

$=-\dfrac{2a^2\times6\times10a^2b^2}{3\times5ab}$

$=-8a^3b$

(6) $5x^2\div\left(-\dfrac{5}{3}x\right)\div\left(-\dfrac{3}{2}x\right)$

$=5x^2\div\left(-\dfrac{5x}{3}\right)\div\left(-\dfrac{3x}{2}\right)$

$=5x^2\times\left(-\dfrac{3}{5x}\right)\times\left(-\dfrac{2}{3x}\right)$

$$=\frac{5x^2 \times 3 \times 2}{5x \times 3x}$$

$$=2$$

3 (2) 斜めに3つ囲んだ数のうち，中央の数を n とすると，3つの数は，

$$n-6,\ n,\ n+6$$

と表される。このとき，それらの和は，

$$(n-6)+n+(n+6)$$

$$=3n$$

n は整数だから，$3n$ は3の倍数である。

したがって，斜めに3つ囲んだ数の和は，3の倍数である。

(参考) (1)と同じように中央の数の3倍になることを説明してもよい。

---

p.9　予想問題 ②

1 $m,\ n$ を整数とすると，偶数と奇数は，

$$2m,\ 2n+1$$

と表される。このとき，2数の差は，

$$2m-(2n+1)=2m-2n-1$$
$$=2(m-n)-1$$

$2(m-n)$ は偶数だから，$2(m-n)-1$ は奇数である。したがって，偶数から奇数をひいた差は奇数である。

2 2けたの正の整数の十の位の数を a，一の位の数を b とすると，この数は，$10a+b$ と表される。

また，十の位の数と一の位の数を入れかえてできる数は，$10b+a$ となる。

このとき，この2数の差は，

$$(10a+b)-(10b+a)=9a-9b$$
$$=9(a-b)$$

$a-b$ は整数だから，$9(a-b)$ は9の倍数である。

したがって，2けたの正の整数と，その数の十の位の数と一の位の数を入れかえてできる数との差は，9の倍数である。

3 (1) $y=\dfrac{-5x+4}{3}$ (2) $a=\dfrac{3b+12}{4}$

(3) $y=\dfrac{3}{2x}$ (4) $x=-12y+3$

(5) $b=\dfrac{3a-9}{5}$ (6) $y=\dfrac{c-b}{a}$

---

4 (1) $b=\dfrac{S}{a}$ (2) $h=\dfrac{V}{\pi r^2}$

解説

3 (3) $\dfrac{1}{3}xy=\dfrac{1}{2}$ 　両辺に3をかける

$$xy=\dfrac{3}{2}$$ 　両辺を x でわる

$$y=\dfrac{3}{2x}$$

---

p.10〜p.11　章末予想問題

1 (1) $5x^2-x$ (2) $14a-19b$

(3) $6ab-3a^2$ (4) $-6x^2+4y$

(5) $\dfrac{5a-2b}{12}$ (6) x^3y^2

(7) $-6b$ (8) $-3xy^3$

2 (1) $3y$ (2) $16x+2y+10$

3 (1) 3 (2) 8

4 m を整数とすると，連続する3つの奇数は，

$$2m+1,\ 2m+3,\ 2m+5$$

と表される。このとき，それらの和は，

$$(2m+1)+(2m+3)+(2m+5)$$
$$=6m+9=3(2m+3)$$

$2m+3$ は整数だから，$3(2m+3)$ は3の倍数である。したがって，連続する3つの奇数の和は3の倍数である。

5 (1) $y=\dfrac{-3x+7}{2}$ (2) $a=\dfrac{V}{bc}$

(3) $x=\dfrac{y+3}{4}$ (4) $b=2a-c$

(5) $h=\dfrac{3V}{\pi r^2}$ (6) $a=\dfrac{2S}{h}-b$

解説

1 (5) $\dfrac{3a-2b}{4}-\dfrac{a-b}{3}$

$$=\dfrac{3(3a-2b)-4(a-b)}{12}$$

$$=\dfrac{9a-6b-4a+4b}{12}=\dfrac{5a-2b}{12}$$

3 (1) $(3x+2y)-(x-y)=3x+2y-x+y$

$$=2x+3y=2\times 2+3\times\left(-\dfrac{1}{3}\right)=3$$

(2) $18x^3y\div(-6xy)\times 2y=-\dfrac{18x^3y\times 2y}{6xy}$

$$=-6x^2y=-6\times 2^2\times\left(-\dfrac{1}{3}\right)=8$$

2章　連立方程式

1 ⑦

2 (1) $(x, y)=(2, -3)$
　 (2) $(x, y)=(1, 3)$
　 (3) $(x, y)=(1, 2)$
　 (4) $(x, y)=(3, 2)$

3 (1) $(x, y)=(2, 8)$
　 (2) $(x, y)=(3, 7)$
　 (3) $(x, y)=(7, 3)$
　 (4) $(x, y)=(-5, -4)$

4 (1) $(x, y)=(1, -1)$
　 (2) $(x, y)=(-2, 5)$
　 (3) $(x, y)=(-4, 2)$
　 (4) $(x, y)=(1, 2)$

解説

1 x, y の値の組を，2つの式に代入して，どちらも成り立つかどうか調べる。

2 上の式を①，下の式を②とする。
(3) 　①　　　　　$3x+ 2y= 7$
　　②×3　$-)3x+15y= 33$
　　　　　　　　　$-13y=-26$
　　　　　　　　　　　$y=2$
　　$y=2$ を①に代入すると，$3x+4=7$
　　　　　　　　　　　$3x=3$
　　　　　　　　　　　$x=1$

(4) 　①×5　　　$20x+15y= 90$
　　②×4　$+)-20x+28y=- 4$
　　　　　　　　　　$43y= 86$
　　　　　　　　　　　$y=2$
　　$y=2$ を①に代入すると，$4x+6=18$
　　　　　　　　　　　$4x=12$
　　　　　　　　　　　$x=3$

3 上の式を①，下の式を②とする。
(3) ②を①に代入すると，
　$4(3y-2)-5y=13$　　$y=3$
　$y=3$ を②に代入すると，
　$x=9-2$　　$x=7$
(4) ①を②に代入すると，
　$3x-2(x+1)=-7$　　$x=-5$
　$x=-5$ を①に代入すると，
　$y=-5+1$　　$y=-4$

4 上の式を①，下の式を②とする。
(1) かっこをはずし，整理してから解く。
　②より，$4x+3y=1$　……②′
　①－②′×2 より，$y=-1$
　$y=-1$ を①に代入すると，$x=1$
(2) ②の両辺を 10 倍して分母をはらうと，
　$5x-2y=-20$　……②′
　①＋②′ より，$x=-2$
　$x=-2$ を①に代入すると，$y=5$
(3) ②の両辺を 10 倍して係数を整数にすると，
　$3x+7y=2$　……②′
　①×3－②′×2 より，$y=2$
　$y=2$ を①に代入すると，$x=-4$
(4) **ポイント** $A=B=C$ の形をした方程式は，
$$\begin{cases} A=C \\ B=C \end{cases} \begin{cases} A=B \\ A=C \end{cases} \begin{cases} A=B \\ B=C \end{cases}$$
のどれかの組み合わせをつくって解く。
$$\begin{cases} 3x+2y=7 & \cdots\cdots① \\ 5x+y=7 & \cdots\cdots② \end{cases}$$
②より，$y=-5x+7$　……②′
②′を①に代入すると，$x=1$
$x=1$ を②′に代入すると，$y=2$

1 (1) $(x, y)=(4, 3)$
　 (2) $(x, y)=(-2, 4)$
　 (3) $(x, y)=(-2, 2)$
　 (4) $(x, y)=(-5, -6)$

2 (1) $(x, y)=(2, 4)$
　 (2) $(x, y)=(3, -4)$
　 (3) $(x, y)=(6, 7)$
　 (4) $(x, y)=(-1, 2)$
　 (5) $(x, y)=(-4, 1)$
　 (6) $(x, y)=(2, -1)$
　 (7) $(x, y)=(2, -3)$
　 (8) $(x, y)=(6, -3)$

解説

1 上の式を①，下の式を②とする。
(1) 　①×3　　$6x+9y=51$
　　②×2　$-)6x+8y=48$
　　　　　　　　$y= 3$
　　$y=3$ を①に代入して，$x=4$

(4) ①を②に代入して,
$$(4y-1)-3y=-7 \qquad y=-6$$
$y=-6$ を①に代入して, $x=-5$

p.15 予想問題 ❷

1 (1) $(x, y)=(5, -2)$
(2) $(x, y)=(2, -5)$
(3) $(x, y)=(100, 200)$
(4) $(x, y)=(3, 5)$

2 (1) $(x, y)=(10, -5)$
(2) $(x, y)=(7, 5)$
(3) $(x, y)=(2, 1)$
(4) $(x, y)=(8, 6)$

3 (1) $a=1, b=3$
(2) $a=5, b=4$

解説

1 上の式を①, 下の式を②とする。
(1) ①の両辺を10倍して係数を整数にすると,
$$12x+5y=50 \quad \cdots\cdots ①'$$
②×4−①' より, $y=-2$
$y=-2$ を②に代入して, $x=5$
(4) ①の両辺を10倍して係数を整数にすると,
$$8x-3y=9 \quad \cdots\cdots ①'$$
②に6をかけて分母をはらい整理すると,
$$-x+3y=12 \quad \cdots\cdots ②'$$
①'+②' より, $x=3$
$x=3$ を②' に代入して, $y=5$

2 (1) $\begin{cases} 2x+3y=5 & \cdots\cdots ① \\ -x-3y=5 & \cdots\cdots ② \end{cases}$
①+② より, $x=10$
$x=10$ を①に代入して, $y=-5$

3 (1) 連立方程式に $x=3, y=2$ を代入して,
$\begin{cases} 6+2a=8 & \cdots\cdots ① \\ 3b-2=7 & \cdots\cdots ② \end{cases}$
①より, $a=1$ 　②より, $b=3$
(2) 連立方程式に $x=4, y=5$ を代入して,
$\begin{cases} 4a-10=10 & \cdots\cdots ① \\ -5a+4b=-9 & \cdots\cdots ② \end{cases}$
①より, $a=5$
$a=5$ を②に代入して, $b=4$

p.17 テスト対策問題

1 (1) ⑦ $100x$ 　⑦ $120y$ 　⑦ 1100
(2) $\begin{cases} x+y=10 \\ 100x+120y=1100 \end{cases}$
パン… 5個, おにぎり… 5個

2 (1) ⑦ $\dfrac{x}{50}$ 　⑦ $\dfrac{y}{100}$
(2) $\begin{cases} x+y=1000 \\ \dfrac{x}{50}+\dfrac{y}{100}=14 \end{cases}$
歩いた道のり…400 m
走った道のり…600 m

解説

1 (2) 上の式を①, 下の式を②とする。
①×100−② より, $y=5$
$y=5$ を①に代入して, $x=5$

2 (2) 上の式を①, 下の式を②とする。
①−②×100 より, $x=400$
$x=400$ を①に代入して, $y=600$

p.18 予想問題 ❶

1 500円硬貨…10枚, 100円硬貨…12枚
2 りんご1個…100円, みかん1個…60円
3 (1) ⑦ $\dfrac{7}{100}x$ 　⑦ $\dfrac{4}{100}y$
(2) $\begin{cases} x+y=425 \\ \dfrac{7}{100}x+\dfrac{4}{100}y=23 \end{cases}$
昨年の男子の生徒数…200人
昨年の女子の生徒数…225人
4 A製品…500個, B製品…200個

解説

1 500円硬貨を x 枚, 100円硬貨を y 枚とすると,
$\begin{cases} x+y=22 \\ 500x+100y=6200 \end{cases}$

2 りんご1個の値段を x 円, みかん1個の値段を y 円とすると,
$\begin{cases} 3x+5y=600 \\ 6x+7y=1020 \end{cases}$

4 先月つくったA製品を x 個, B製品を y 個とすると,
$\begin{cases} x+y=700 \\ \dfrac{85}{100}x+\dfrac{120}{100}y=700\times\dfrac{95}{100} \end{cases}$

予想問題 ❷

1 自転車に乗った道のり…8 km
　歩いた道のり…6 km

2 (1) $\begin{cases} x+y=950 \\ \dfrac{x}{70}+\dfrac{y}{100}=11 \end{cases}$

　歩いた道のり…350 m
　走った道のり…600 m

　(2) $\begin{cases} x+y=11 \\ 70x+100y=950 \end{cases}$

　歩いた道のり…350 m
　走った道のり…600 m

3 57

解説

1 自転車に乗った道のりを x km，歩いた道のりを y km とすると，

$\begin{cases} x+y=14 &\leftarrow 道のりの関係 \\ \dfrac{x}{16}+\dfrac{y}{4}=2 &\leftarrow 時間の関係 \end{cases}$

2 (1) 上の式を①，下の式を②とする。
　②×700 より，$10x+7y=7700$ ……②′
　①×10−②′ より，$3y=1800$　$y=600$
　$y=600$ を①に代入して，$x=350$

　(2) 上の連立方程式を解いて，$x=5$，$y=6$
　歩いた道のりは，$70×5=350$（m）
　走った道のりは，$100×6=600$（m）
　参考 時間を x，y で表すと，式に分数が出てこないので，計算しやすくなる。

3 もとの整数の十の位の数を x，一の位の数を y とすると，

$\begin{cases} 10x+y=4(x+y)+9 &……① \\ \underset{もとの整数}{} \quad \underset{各位の数の和}{} \\ 10y+x=(10x+y)+18 &……② \\ \underset{入れかえた数}{} \quad \underset{もとの整数}{} \end{cases}$

①から，$10x+y=4x+4y+9$
$6x-3y=9$　$2x-y=3$ ……①′
②から，$-9x+9y=18$　$-x+y=2$ ……②′
①′+②′ より，$x=5$
$x=5$ を②′ に代入して，$y=7$

章末予想問題

1 ㋐

2 (1) $(x,\ y)=(-1,\ -2)$
　(2) $(x,\ y)=(4,\ 3)$

　(3) $(x,\ y)=(2,\ 4)$
　(4) $(x,\ y)=(7,\ -5)$
　(5) $(x,\ y)=(-2,\ -4)$
　(6) $(x,\ y)=(3,\ -2)$

3 おとな1人の入園料…1200 円
　中学生1人の入園料…1000 円

4 A町からB町までの道のり…8 km
　B町からC町までの道のり…15 km

5 先月集めた新聞の重さ…120 kg
　先月集めた雑誌の重さ…80 kg

6 列車の長さ…180 m，時速 72 km

解説

3 おとな1人の入園料を x 円，中学生1人の入園料を y 円とすると，

$\begin{cases} x=y+200 \\ 2x+5y=7400 \end{cases}$

4 A町からB町までの道のりを x km，B町からC町までの道のりを y km とすると，

$\begin{cases} x+y=23 \\ \dfrac{x}{4}+\dfrac{y}{5}=5 \end{cases}$

5 先月集めた新聞の重さを x kg，雑誌の重さを y kg とすると，下の表のようになる。

	新聞	雑誌	合計
先月	x	y	200
今月	$x×\dfrac{120}{100}$	$y×\dfrac{90}{100}$	216

連立方程式をつくると，

$\begin{cases} x+y=200 &……① \\ \dfrac{120}{100}x+\dfrac{90}{100}y=216 &……② \end{cases}$

②×100−①×90 より，$x=120$
$x=120$ を①に代入して，$y=80$

6 列車の長さを x m，列車の速さを秒速 y m とすると，

$\begin{cases} x+820=50y &……① &\leftarrow 鉄橋の関係 \\ x+2220=120y &……② &\leftarrow トンネルの関係 \end{cases}$

①より，$x-50y=-820$ ……①′
②より，$x-120y=-2220$ ……②′
①′−②′ より，$70y=1400$　$y=20$（m/秒）
$y=20$ を①に代入して，$x=180$（m）
求める答えは時速だから，

秒速 20 m → 時速 72000 m → 時速 72 km
　　　$\underset{20×60×60}{}$　　　km になおす

3章 一次関数

1 (1) 変化の割合…3　　　y の増加量…9

(2) 変化の割合…-1　　y の増加量…-3

(3) 変化の割合…$\dfrac{1}{2}$　　y の増加量…$\dfrac{3}{2}$

(4) 変化の割合…$-\dfrac{1}{3}$　　y の増加量…-1

2 (1) ㋐ 傾き…4　　　切片…-2

㋑ 傾き…-3　　切片…1

㋒ 傾き…$-\dfrac{2}{3}$　　切片…-2

㋓ 傾き…4　　　切片…3

(2) ㋑, ㋒　　　(3) ㋐と㋓

3 (1) $y=-2x+2$　　(2) $y=-x+4$

(3) $y=2x+3$

解説

1 一次関数 $y=ax+b$ では, 変化の割合は一定で, a に等しい。また,

（y の増加量）＝$a\times$（x の増加量）

2 (1) 一次関数 $y=ax+b$ のグラフは, 傾きが a, 切片が b の直線である。

(2) 右下がり → 傾きが負（$a<0$）

(3) 平行な直線 → 傾きが等しい

3 (1) $y=-2x+b$ となる。

$x=-1$ のとき $y=4$ だから,

$4=-2\times(-1)+b$　　$b=2$

(2) 切片が 4 だから, $y=ax+4$ となる。

$x=3$, $y=1$ を代入すると,

$1=a\times3+4$　　$a=-1$

(3) 2点 $(1, 5)$, $(3, 9)$ を通るから, グラフの傾きは,

$\dfrac{9-5}{3-1}=\dfrac{4}{2}=2$

したがって, $y=2x+b$

これに, $x=1$, $y=5$ を代入すると,

$5=2\times1+b$　　$b=3$

別解 $y=ax+b$ が2点 $(1, 5)$, $(3, 9)$ を通るので,

$\begin{cases}5=a+b\\9=3a+b\end{cases}$

これを解いて, $(a, b)=(2, 3)$

1 (1) 4 L　　　(2) $y=4x+2$

2 (1) 変化の割合…3　　　y の増加量…12

(2) 変化の割合…$\dfrac{1}{2}$　　y の増加量…2

3 (1) 傾き…5　　　切片…-3

(2) 傾き…-2　　切片…0

4 (1) 右の図

(2) ㋐ $-7<y\leqq8$

㋑ $-1\leqq y<9$

㋒ $-\dfrac{1}{3}<y\leqq3$

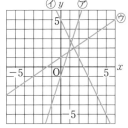

解説

3 (2) **ポイント** 比例は一次関数の特別な場合。

4 (1) **ポイント** 一次関数 $y=ax+b$ のグラフをかくには, 切片 b から, 点 $(0, b)$ をとる。傾き a から, $(1, b+a)$ などの2点をとって, その2点を通る直線をひく。

ただし, a, b が分数の場合には, x 座標, y 座標が整数となる2点を見つけて, その2点を通る直線をひくとよい。

(2) y の変域を求めるためには, x の変域の両端の値 $x=-2$, $x=3$ に対応する y の値を求め, それらを y の変域の両端の値とする。

ミス注意! 不等号 $<$, $\leqq$ の区別に注意する。

1 (1) ㋐, ㋒, ㋓, ㋕

(2) ㋑

(3) ㋐と㋒

(4) ㋐と㋕

2 (1) $y=-\dfrac{1}{3}x-3$　　(2) $y=-\dfrac{5}{4}x+1$

(3) $y=\dfrac{3}{2}x-2$

3 (1) $y=2x+1$　　　(2) $y=3x-1$

(3) $y=\dfrac{2}{3}x+1$

解説

1 (1) 右上がりの直線 → 傾きが正

(2) $(-3, 2)$ を通る

→ $x=-3$, $y=2$ を代入して成り立つ

(3) 平行な直線 → 傾きが等しい

(4) y 軸上で交わる → 切片が等しい

2 どのグラフも切片はます目の交点上にあるので，ます目の交点にある点をもう１つ見つけ，傾きを考えていく。

3 (1) $y=2x+b$ という式になる。$x=1$ のとき $y=3$ だから，
$$3=2\times1+b \qquad b=1$$

(2) 切片が -1 だから，$y=ax-1$ という式になる。$x=1$, $y=2$ を代入すると，
$$2=a\times1-1 \qquad a=3$$

(3) 2点 $(-3,\ -1)$, $(6,\ 5)$ を通るから傾きは，
$$\frac{5-(-1)}{6-(-3)}=\frac{6}{9}=\frac{2}{3}$$
したがって，$y=\dfrac{2}{3}x+b$

$x=-3$, $y=-1$ を代入すると，
$$-1=\frac{2}{3}\times(-3)+b \qquad b=1$$

別解 $y=ax+b$ が2点 $(-3,\ -1)$, $(6,\ 5)$ を通るので，$\begin{cases} -1=-3a+b \\ 5=6a+b \end{cases}$

これを解いて，$(a,\ b)=\left(\dfrac{2}{3},\ 1\right)$

---

p.27 テスト対策問題

1
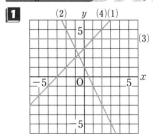

2 グラフは右の図
解は，
$(x,\ y)=(2,\ 4)$
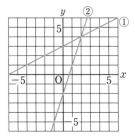

3 (1) ① $y=-x-2$ ② $y=2x-3$

(2) $\left(\dfrac{1}{3},\ -\dfrac{7}{3}\right)$

解説

1 $ax+by=c$ を y について解き，

$y=-\dfrac{a}{b}x+\dfrac{c}{b}$ と変形してから，グラフをかくとよい。グラフはかならず直線になる。

また，$y=k$ のグラフは，点 $(0,\ k)$ を通り，x 軸に平行な直線となる。

また，$x=h$ のグラフは，点 $(h,\ 0)$ を通り，y 軸に平行な直線となる。

2 $\begin{cases} x-2y=-6 \rightarrow y=\dfrac{1}{2}x+3 \\ 3x-y=2 \rightarrow y=3x-2 \end{cases}$

2つのグラフの交点の座標を読みとる。

3 グラフの交点の座標を読みとることはできないので，①と②の式を連立方程式とみて解く。

---

p.28 予想問題 ❶

1
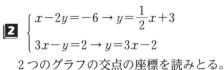

2 グラフは右の図
解は，
$(x,\ y)$
$=(-3,\ -4)$
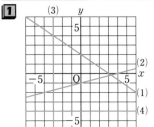
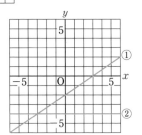

3 (1) A$(1,\ 3)$ (2) B$(10,\ -6)$

解説

1 (1) y について解くと，$y=-\dfrac{2}{3}x+2$

別解 $(0,\ 2)$, $(3,\ 0)$ を結ぶ直線をひく。

(3) x について解くと，$x=-3$
したがって，グラフは，$(-3,\ 0)$ を通り，y 軸に平行な直線。

(4) y について解くと，$y=-4$
したがって，グラフは，$(0,\ -4)$ を通り，x 軸に平行な直線。

3 (1) 直線 ℓ は，切片が2で，点 $(-2,\ 0)$ を通るから，$y=x+2$
これに $x=1$ を代入して，$(1,\ 3)$

(2) 直線 m は，2点 $(1,\ 3)$, $(4,\ 0)$ を通るから，

$y=-x+4$ ……①

直線 n は，2点 $(-2, 0)$, $(0, -1)$ を通るから，$y=-\dfrac{1}{2}x-1$ ……②

①，②を連立方程式として解いて，
$(x, y)=(10, -6)$

p.29 予想問題 ❷

1 (1) 分速 400 m (2) 分速 100 m

(3)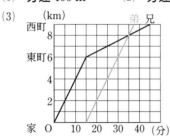

追いつく時刻…午前 9 時 35 分

2 (1) $y=2x$ (2) $y=10$

(3) $y=-2x+28$

(4)

解説

1 (1) グラフから，10 分間に 4 km（4000 m）進んでいるから，1 分間に進む道のりは，
$4000\div10=400$ (m)

(2) グラフから，10 分間に 1 km（1000 m）進んでいるから，1 分間に進む道のりは，
$1000\div10=100$ (m)

(3) 分速 400 m だから，10 分間に 4000 m すなわち 4 km 進む。このようすを表すグラフを図にかき入れると，グラフの交点の座標は，$(35, 8)$ だから，午前 9 時 35 分に，家から 8 km の地点で追いつく。

2 (1) $y=\dfrac{1}{2}\times4\times x$ ← $\frac{1}{2}\times\text{AB}\times\text{BP}$

(2) $y=\dfrac{1}{2}\times4\times5$ ← $\frac{1}{2}\times\text{AB}\times\text{AD}$

(3) $y=\dfrac{1}{2}\times4\times(14-x)$ ← $\frac{1}{2}\times\text{AB}\times\text{AP}$

(4) x の変域に注意してグラフをかく。
$0\leqq x\leqq5$ のとき $y=2x$

$5\leqq x\leqq9$ のとき $y=10$

$9\leqq x\leqq14$ のとき $y=-2x+28$

p.30〜p.31 章末予想問題

1 イ，ウ

2 イとエ

3 (1) 傾き…-2 切片…2

(2) -6

4 (1) $y=-\dfrac{1}{2}x-1$ (2) $y=-3x+4$

(3) $y=\dfrac{4}{3}x-4$

5 (1) $y=6x+22$ (2) 12 分後

6 (1) $y=-12x+72$ (2) 6 km

解説

1 比例 $y=ax$ は，一次関数 $y=ax+b$ で $b=0$ の特別な場合である。
反比例は一次関数ではない。

2 平行な直線 → 傾きが等しい

3 (1) 一次関数 $y=ax+b$ のグラフは，傾きが a，切片が b の直線である。

(2) （y の増加量）$=-2\times3=-6$

4 (1) x の値が 2 だけ増加すると，y の値が 1 だけ減少するから，変化の割合は $-\dfrac{1}{2}$
$y=-\dfrac{1}{2}x+b$ に，$x=4$，$y=-3$ を代入すると，$b=-1$

(3) y 軸との交点が $(0, -4)$ だから，切片は -4
したがって，$y=ax-4$ という式になる。
$(3, 0)$ を通るから，$x=3$，$y=0$ を代入すると，$a=\dfrac{4}{3}$

5 (1) 2 点 $(0, 22)$, $(4, 46)$ を通る直線の式を求める。切片は 22，傾きは，$\dfrac{46-22}{4-0}=\dfrac{24}{4}=6$
したがって，$y=6x+22$

(2) (1)の式に $y=94$ を代入すると，$x=12$

6 (1) 変化の割合は -12 で，$x=6$ のとき $y=0$ だから，$y=-12x+72$ ……①

(2) 妹のようすは，右の線分 AB で，
$y=4x-16$ ……②
①，②を連立方程式として解く。

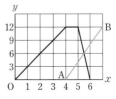

4章　図形の調べ方

1 (1) ∠d　(2) ∠c　(3) ∠e

(4) ∠a=115°　∠b=65°　∠c=65°

∠d=115°　∠e=65°　∠f=115°

2 (1) 2本　(2) 3個　(3) 540°

3 (1) 900°　(2) 135°　(3) 360°　(4) 24°

解説

1 (4) 対頂角は等しいから，∠a=115°

∠b=180°-115°=65°

ℓ∥m より，

∠c=∠b=65°

∠d=∠a=115°

対頂角は等しいから，

∠e=∠c=65°，∠f=∠d=115°

3 (1) 七角形の内角の和は，180°×(7-2)=900°

(2) 正八角形の内角の和は，

180°×(8-2)=1080°

正八角形の内角は，すべて等しいので，

1080°÷8=135°

(3) 多角形の外角の和は360°

(4) 正十五角形の外角はすべて等しいので，

360°÷15=24°

---

1 (1) ∠c

(2) ∠a=40°　　∠b=80°

∠c=40°　　∠d=60°

2 (1) ∠a の同位角…∠c

∠a の錯角…∠e

(2) ∠b=60°　　∠c=120°

∠d=60°　　∠e=120°

3 (1) a∥d, b∥c

(2) ∠x と ∠v，∠y と ∠z

4 (1) 35°　(2) 105°　(3) 70°

解説

1 (2) ∠a=180°-(80°+60°)=40°

対頂角は等しいから，

∠b=80°　∠c=40°　∠d=60°

2 (2) ℓ∥m より，同位角，錯角が等しいから，

∠c=∠a=120°　∠e=∠a=120°

∠b=∠d=180°-120°=60°

3 平行線の同位角や錯角の性質を使う。

4 (1) 55° の同位角を三角形の外角とみると，

∠x=55°-20°=35°

(2) ∠x を三角形の外角と

みると，

∠x=55°+50°

=105°

(3) 右の図のように，∠x

の頂点を通り，ℓ, m に

平行な直線をひくと，

∠x=40°+30°=70°

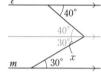

---

1 (1) 180°　(2) 1080°　(3) 360°

2 (1) 1080°　(2) 十角形　(3) 正八角形

3 (1) 110°　(2) 95°　(3) 70°

解説

1 (3) 1080°-180°×(6-2)=360°

2 (2) 求める多角形を n 角形とすると，

180°×(n-2)=1440°　　n=10

(3) 1つの外角が 45° である正多角形は，

360°÷45°=8 より，正八角形。

3 (1) 四角形の外角の和は 360° だから，

∠x=360°-(115°+70°+65°)=110°

(2) 四角形の内角の和は 360° だから，

∠x=360°-(70°+86°+109°)=95°

(3) 五角形の内角の和は 540° だから，

540°-(110°+100°+130°+90°)=110°

∠x=180°-110°=70°

---

1 (1) 四角形 ABCD≡四角形 GHEF

(2) CD=4 cm　　EH=5 cm

(3) ∠C=70°　　∠G=120°

(4) 対角線 AC に対応する対角線…対角線 GE

対角線 FH に対応する対角線…対角線 DB

2 CA=FD　3組の辺が，それぞれ等しい。

∠B=∠E　2組の辺とその間の角が，そ

れぞれ等しい。

3 (1) 仮定…△ABC≡△DEF

結論…∠A=∠D

(2) 仮定…x が 4 の倍数

結論…x は偶数
(3) 仮定…ある三角形が正三角形
結論…3 つの辺の長さは等しい

解説

1 (2) 対応する線分の長さは等しいから，
CD=EF=4 cm，EH=CB=5 cm
(3) ∠G=360°−(70°+90°+80°)=120°

3 (3) 「ならば」を使った文に書きかえてみる。

p.38 予想問題 ❶

1 △ABC≡△STU
1 組の辺とその両端の角が，それぞれ等しい。
△GHI≡△ONM
2 組の辺とその間の角が，それぞれ等しい。
△JKL≡△RPQ
3 組の辺が，それぞれ等しい。

2 ① ⑦ ② ⑦ ③ ⑦ ④ ⑦

解説

1 三角形の合同条件を正しく理解しておこう。

p.39 予想問題 ❷

1 (1) 仮定…AB=CD，AB∥CD
結論…AD=CB
(2) ① CD ② DB ③ ∠CDB
④ △CDB ⑤ CB
(3) (ア) 平行線の錯角は等しい。
(イ) 2 組の辺とその間の角が，それぞれ
等しい 2 つの三角形は合同である。
(ウ) 合同な図形では，対応する辺の長
さは等しい。

2 △ABE と △ACD で，
仮定より， AB=AC ……①
AE=AD ……②
また，共通な角だから，
∠BAE=∠CAD ……③
①，②，③から， 2 組の辺とその間の角が，
それぞれ等しいので，
△ABE≡△ACD
合同な図形では，対応する角の大きさは等
しいので，∠ABE=∠ACD

解説

1 (参考) 証明の根拠としては，対頂角の性質や
三角形の角の性質などを使うこともある。

p.40～p.41 章末予想問題

1 (1) ∠a, ∠m (2) ∠d, ∠p
(3) 180° (4) ∠e, ∠m, ∠o

2 (1) 39° (2) 70° (3) 105°
(4) 60° (5) 60° (6) 30°
(7) 60° (8) 107° (9) 120°

3 (1) △ADE (2) AE (3) DE
(ア) 1 組の辺とその両端の角が，それぞれ等しい
(イ) 合同な図形では，対応する辺の長さは等しい

4 △ABC と △DCB で，
仮定より， AC=DB ……①
∠ACB=∠DBC ……②
また，共通な辺だから，
BC=CB ……③
①，②，③から， 2 組の辺とその間の角が，
それぞれ等しいので，
△ABC≡△DCB
合同な図形では，対応する辺の長さは等し
いので， AB=DC

解説

1 (4) ∠c=∠i より，③∥④ となる。

2 (5) 右の図のように，∠x,
45° の角の頂点を通り，ℓ,
m に平行な 2 つの直線を
ひくと，
∠x=(45°−20°)+35°=60°

(6) 右の図のように，三角形
を 2 つつくると，
∠x+55°=110°−25°
∠x=30°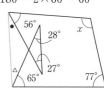

(7) ●＋▲=180°−120°=60°
∠x=180°−2(●＋▲)=180°−2×60°=60°

(8) 右の図のような線を
ひくと，
●＋△=28°+27°=55°
∠x=360°−(56°+65°
+77°＋●＋△)
=107°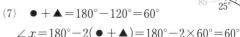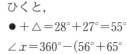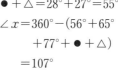

(9) 右の図から，
3(●＋▲)=180°
●＋▲=60° より，
∠x=180°−(●＋▲)
=180°−60°=120°

5章　図形の性質と証明

p.43 テスト対策問題

1 (1) 50°　(2) 55°　(3) 20°

2 ⑦ ACE　④ AC　⑦ CE
　　 ⑤ ACE　⑥ 2組の辺とその間の角
　　 ⑥ ACE

3 △ABC≡△KJL
斜辺と他の1辺が，それぞれ等しい。
△GHI≡△OMN
斜辺と1つの鋭角が，それぞれ等しい。

解説
1 (1) 二等辺三角形の底角は等しいので，
　　　$\angle x=180°-65°\times2=50°$
　　(3) 二等辺三角形の頂角の二等分線は，底辺を
　　　垂直に2等分するので，$\angle ADB=90°$
　　　したがって，$\angle x=180°-(90°+70°)=20°$

p.44 予想問題 ❶

1 (1) 70°　　　　(2) 90°

2 (1) 二等辺三角形　(2) 124°

3 AD∥BC より錯角が等しいから，
　　　$\angle FDB=\angle CBD$　……①
　　また，折り返した角であるから，
　　　$\angle FBD=\angle CBD$　……②
　　①，②から，$\angle FDB=\angle FBD$
　　したがって，2つの角が等しいから，△FBD
　　は二等辺三角形である。

解説
1 (1) 二等辺三角形 DBC の底角は等しいから，
　　　∠D の外角について，$\angle ADB=35°\times2=70°$
　　(2) 二等辺三角形 DAB の底角は等しいから，
　　　$\angle DBA=(180°-70°)\div2=55°$
　　　よって，$\angle ABC=\angle DBA+\angle DBC$
　　　　　　　　　　$=55°+35°=90°$
2 (2) $\angle PBC+\angle PCB=(\angle ABC+\angle ACB)\div2$
　　　　　　　　　$=(180°-68°)\div2=56°$
　　　$\angle BPC=180°-(\angle PBC+\angle PCB)$
　　　　　　　　$=180°-56°=124°$

p.45 予想問題 ❷

1 (1) $a+b=7$ ならば，$a=4$, $b=3$ である。
　　　正しくない。反例…$a=1$, $b=6$

(2) ab が整数ならば，a, b は整数である。
　　正しくない。反例…$a=2$, $b=\dfrac{1}{2}$

(3) 2つの直線に1つの直線が交わるとき，
　　同位角が等しいならば，2つの直線は
　　平行である。
　　正しい。

2 (1) △ABD と △ACE（△CBD と △BCE）
　　(2) △BCE と △CBD（△ACE と △ABD）
　　　直角三角形の斜辺と1つの鋭角が，
　　　それぞれ等しい。

3 △POC と △POD で，
　　仮定より，$\angle PCO=\angle PDO=90°$　……①
　　　　　　　$\angle POC=\angle POD$　　……②
　　また，PO は共通だから，
　　　　　　　PO=PO　　　　　　……③
　　①，②，③から，直角三角形の斜辺と1つ
　　の鋭角が，それぞれ等しいので，
　　　　　　　△POC≡△POD
　　合同な図形では，対応する辺は等しいので，
　　　　　　　PC=PD

解説
1 (1) $a=1$, $b=6$ のときも，$a+b=7$ になる
　　　から，逆は正しくない。
　　(2) $a=2$, $b=\dfrac{1}{2}$ のときも，ab は整数となる
　　　から，正しくない。
2 **ポイント** 等しいことを証明する辺をふくむ
　　三角形どうしを選ぶ。

p.47 テスト対策問題

1 (1) $x=40$, $y=140$
　　　平行四辺形の向かいあう角は，等しい。
　　(2) $x=8$
　　　平行四辺形の向かいあう辺は，等しい。
　　　$y=3$
　　　平行四辺形の対角線は，それぞれの中
　　　点で交わる。

2 ⑦ 中点　④ OC　⑦ OD
　　 ⑤ OF　⑥ 対角線　⑥ 中点

3 (1) △DEC, △ABE　(2) 80 cm²

解説
3 (1) 底辺が共通な三角形だけでなく，底辺が
　　等しい三角形も忘れないようにする。

12

予想問題 ❶

1 (1) 64° (2) 8 cm

2 ㋐ △CDF ㋑ ∠DCF ㋒ CD
㋓ ∠D ㋔ 1組の辺とその両端の角
㋕ △CDF

3 ㋐ いえる。 ㋑ いえない。

解説

3 **ポイント** 条件をもとに図をかいてみる。

㋐ ∠A の外角は 112° で
錯角が等しいから，
AD∥BC
したがって，1組の向か
いあう辺が，等しくて平行である。

㋑ 右の図のように，平行
四辺形にならない。平行
四辺形ならば，対角線は，
それぞれの中点で交わる。

予想問題 ❷

1 ① ㋐，㋕ ② ㋑，㋒
③ ㋑，㋒ ④ ㋔，㋕

2 (1) △ABO と △ADO で，
平行四辺形の対角線は，それぞれの中点
で交わるから，
BO=DO ……①
また，AO は共通だから，
AO=AO ……②
仮定より，
∠AOB=∠AOD=90° ……③
①，②，③から，2組の辺とその間の角
が，それぞれ等しいので，
△ABO≡△ADO

(2) (1)より，AB=AD ……①
平行四辺形の向かいあう辺は，それぞれ
等しいから，
AB=CD，AD=BC ……②
①，②から，AB=BC=CD=DA
したがって，▱ABCD は 4 つの辺がす
べて等しいので，ひし形である。

3 右の図
㋐ △ACD
㋑ △ACE
㋒ △ACE

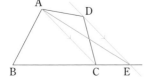

解説

2 (2) 平行四辺形のとなりあう辺が等しいこと
を示せばよい。

章末予想問題

1 (1) ∠x=80° ∠y=25°
(2) ∠x=40° ∠y=100°
(3) ∠x=30° ∠y=105°

2 △EBC と △DCB で，
仮定より，BE=CD ……①
△ABC の底角は等しいから，
∠EBC=∠DCB ……②
また，BC は共通だから，
BC=CB ……③
①，②，③から，2組の辺とその間の角が，
それぞれ等しいので，
△EBC≡△DCB
合同な図形では，対応する角は等しいので，
∠FCB=∠FBC
よって，2つの角が等しいから，△FBC は
二等辺三角形である。

3 (1) △ABD≡△EBD
直角三角形の斜辺と 1 つの鋭角が，そ
れぞれ等しい。

(2) 線分 DA，線分 CE

4 四角形 ABCD は平行四辺形だから，
AD∥BC より，AQ∥PC ……①
∠BAD=∠DCB ……②
①から，∠PAQ=∠APB ……③
また，②と AP，CQ がそれぞれ ∠BAD，
∠BCD の二等分線であることから，
∠PAQ=∠PCQ ……④
③，④から，∠APB=∠PCQ ……⑤
同位角が等しいから，AP∥QC ……⑥
①，⑥から，2組の向かいあう辺が，それ
ぞれ平行だから，四角形 APCQ は平行四辺
形である。

5 ひし形

6 △AEC，△AFC，△DFC

解説

3 (2) △DEC も直角二等辺三角形になる。

5 △APS≡△BPQ≡△CRQ≡△DRS より，
PS=PQ=RQ=RS となる。

6章　場合の数と確率

1 いえる。

2 (1) 6通り　(2) いえる。　(3) 3通り

(4) $\dfrac{1}{2}$　(5) $\dfrac{1}{3}$　(6) $\dfrac{2}{3}$

3 (1) $\dfrac{9}{10}$　(2) 0

解説

1 赤いマークのカードと黒いマークのカードの枚数は等しいので，⑦と④のことがらの起こりやすさは同じといえる。

2 (1) 1から6までの6通りある。

(3) 1，3，5の3通り。

(5) 3，6の2通り。よって，$\dfrac{2}{6}=\dfrac{1}{3}$

(6) 出る目の数が6の約数である場合は，

1，2，3，6の4通り。よって，$\dfrac{4}{6}=\dfrac{2}{3}$

3 (1) カードに書かれた数が，1けたの数である場合は，1，2，3，4，5，6，7，8，9の9通り。

よって，求める確率は，$\dfrac{9}{10}$

(2) 11以上の数が出る場合は，0通り。

よって，求める確率は，$\dfrac{0}{10}=0$

1 ③，⑤

2 いえない。

解説

1 ミス注意! 確率は，かならず起こる結果を表しているわけではないことに注意する。

「かならず起こる」とはいえないため，①，②，④は正しくない。また，何回投げても，1つの目の出る確率はすべて $\dfrac{1}{6}$ なので，⑥は正しくない。

2 偶数のカードは3枚なので，偶数のカードを取り出す確率は $\dfrac{3}{7}$　奇数のカードは4枚なので，奇数のカードを取り出す確率は $\dfrac{4}{7}$　⑦と④のことがらの起こりやすさは同じではない。

1 (1) $\dfrac{5}{12}$　(2) $\dfrac{3}{4}$　(3) 1

2 (1) $\dfrac{1}{4}$　(2) $\dfrac{1}{13}$　(3) $\dfrac{3}{13}$　(4) 0

解説

1 玉は全部で，4+5+3＝12(個)

(1) 白玉は5個なので，

白玉が出る確率は，$\dfrac{5}{12}$

(2) 赤玉または白玉は，4+5＝9(個)

よって，求める確率は，$\dfrac{9}{12}=\dfrac{3}{4}$

(3) 求める確率は，$\dfrac{12}{12}=1$

2 (1) ダイヤのカードは，13枚あるから，

求める確率は，$\dfrac{13}{52}=\dfrac{1}{4}$

(2) K(キング)のカードは4枚あるから，

求める確率は，$\dfrac{4}{52}=\dfrac{1}{13}$

(3) 絵札(J，Q，K)は，12枚あるから，

$\dfrac{12}{52}=\dfrac{3}{13}$

1 (1) 6通り

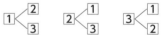

(2) $\dfrac{1}{3}$

2 (1) 右の表

(2) $\dfrac{5}{36}$

(3) $\dfrac{1}{4}$

A\B	1	2	3	4	5	6
1	2	3	4	5	6	7
2	3	4	5	6	7	8
3	4	5	6	7	8	9
4	5	6	7	8	9	10
5	6	7	8	9	10	11
6	7	8	9	10	11	12

3 (1) $\dfrac{1}{2}$　(2) $\dfrac{1}{2}$

(3) $\dfrac{2}{3}$　(4) $\dfrac{1}{3}$

解説

1 (2) 3の倍数になるのは，①—②，②—①の2通り。

③ (2) $\left(\begin{array}{l}\text{偶数の目が}\\\text{出ない確率}\end{array}\right)=1-\left(\begin{array}{l}\text{偶数の目が}\\\text{出る確率}\end{array}\right)$

$\qquad\qquad =1-\dfrac{1}{2}=\dfrac{1}{2}$

p.58　予想問題 ❶

1 (1) 6通り　樹形図は右の図

　(2) 2通り

$$
\begin{array}{ccc}
1 & 2 & 3 \\
A & \begin{matrix}B\!-\!C\\C\!-\!B\end{matrix} & \\
B & \begin{matrix}A\!-\!C\\C\!-\!A\end{matrix} & \\
C & \begin{matrix}A\!-\!B\\B\!-\!A\end{matrix} &
\end{array}
$$

2 (1) 36通り　(2) $\dfrac{1}{9}$

　(3) $\dfrac{1}{12}$　(4) $\dfrac{1}{4}$

解説

2 (2) (1, 6), (2, 3), (3, 2), (6, 1) の4通り。

　(3) (4, 6), (5, 5), (6, 4) の3通り。

p.59　予想問題 ❷

1 (1) 10通り

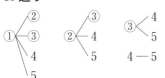

　(2) $\dfrac{3}{10}$　(3) $\dfrac{3}{5}$

2 (1)

$$
\begin{array}{ccc} A & B & C \\ \end{array}\qquad
\begin{array}{ccc} A & B & C \\ \end{array}
$$

(オ・ウの樹形図)

　(2) $\dfrac{1}{8}$　(3) $\dfrac{7}{8}$

3 (1) 20通り
　樹形図は
　右の図

　(2) ① $\dfrac{3}{5}$

　　　② $\dfrac{3}{5}$

　(3) 同じ

解説

1 ポイント　順番の関係ない選び方であることに注意する。解答のように枝分かれが減っていくような樹形図になる。

　(2) 2個とも赤玉であるのは，①—②，①—③，②—③の3通り。

　(3) 赤玉と白玉が1個ずつであるのは，①—4，①—5，②—4，②—5，③—4，③—5の6通り。

2 (3) (少なくとも1枚は裏になる確率)
　　=1-(3枚とも表になる確率)
　　$=1-\dfrac{1}{8}=\dfrac{7}{8}$

3 (3) (2)の結果から，くじをさきにひくのとあとにひくのとで，あたる確率は変わらない。

p.60～p.61　章末予想問題

1 ㋑

2 (1) 20通り　(2) $\dfrac{2}{5}$　(3) $\dfrac{1}{5}$

3 (1) 12通り　(2) $\dfrac{2}{3}$　(3) $\dfrac{1}{12}$

4 $\dfrac{2}{5}$

5 (1) $\dfrac{1}{18}$　(2) $\dfrac{1}{9}$　(3) $\dfrac{7}{18}$

解説

2 (2) 偶数は一の位が4または6のときだから，34，36，46，54，56，64，74，76の8通り。

　(3) 5の倍数は一の位が5のときだから，35，45，65，75の4通り。

3 (2) ミス注意！　班長と副班長を選ぶので，(A, C)と(C, A)を区別することに注意する。男子1人，女子1人が選ばれるのは，(A, C)，(A, D)，(B, C)，(B, D)，(C, A)，(C, B)，(D, A)，(D, B)の8通り。

4 {A, B}，{A, C}，{A, D}，{A, E}の4通り。

5 右のような表をつくる。

(1) ○をつけた2通り。

(3) △をつけた14通り。

a\b	1	2	3	4	5	6
1	△					
2	△	△				
3	△		△			
4	△	△		△	○	
5	△			○	△	
6	△	△	△			△

7章　箱ひげ図とデータの活用

1 (1) 第1四分位数…10分

第2四分位数…14分

第3四分位数…18分

(2) 8分

(3)

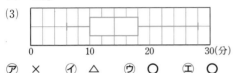

0　　　　10　　　　20　　　30(分)

2 ㋐ ×　㋑ △　㋒ ○　㋓ ○

解説

1 (1) データの個数が14で偶数個なので，第2四分位数(中央値)は，7番目と8番目の平均値となる。

(13+15)÷2=14(分)

第1四分位数は，前半の7個の中央値なので，4番目の値の10分である。

第3四分位数は，後半の7個の中央値なので，後ろから4番目(前から11番目)の値の18分である。

(2) (四分位範囲)

=(第3四分位数)-(第1四分位数) なので，

18-10=8(分)

(3) 第1四分位数から第3四分位数までが箱の部分となる。最小値から第1四分位数までと，第3四分位数から最大値までが，両端のひげの部分となる。

2 ・データの範囲は，1組が 50-5=45(点)，2組が 45-15=30(点) なので，等しくない。よって，㋐は正しくない。

　ミス注意! 範囲と四分位範囲のちがいに気をつける。

・平均点は，この箱ひげ図からはわからない。よって，㋑はこの図からはわからない。

　ミス注意! 平均値と中央値のちがいに気をつける。

・データの個数はどちらの組も27個なので，第1四分位数は7番目，第2四分位数は14番目の値である。1組は第1四分位数の値が15点，2組は最小値が15点なので，どちらの組にも，得点が15点の生徒がいる。よって，㋒は正しい。

・40点が，1組と2組の箱ひげ図のどこにかかっているかをそれぞれ調べる。

1組の第3四分位数は35点なので，得点が高い方から7番目の生徒は35点となる。40点は第3四分位数より大きいので，40点以上の生徒の人数は，多くても6人となる。

2組の第3四分位数は40点なので，40点以上の生徒の人数は少なくとも7人以上いることがわかる。40点以上の生徒は，2組の方が多いことがいえるので，㋓は正しい。

1 (1) ㋑　(2) ㋐　(3) ㋒

2 ㋒

解説

1 (1) ヒストグラムの山の形は右寄りなので，箱が右に寄っている㋑があてはまる。

(2) ヒストグラムの山の形は，左右対称で，中央付近の山が高く(データの個数が多く)，両端にいくほど山が低い(データの個数が少ない)。そのため，箱が中央にあり，箱の大きさが小さい㋐があてはまる。

(3) ヒストグラムの山の形は，頂点がなく，データの個数がばらついているので，箱の大きさが大きい㋒があてはまる。

2 ・Aさん，Bさん，Cさんのデータの最大値は，いずれも45点である。これは，いずれの人も1試合での最高得点が45点であったことを表しているので，㋐は正しい。

・AさんとCさんの中央値は25点なので，半分以上の試合で25点以上あげていることがわかる。また，Bさんの中央値は30点なので，半分以上の試合で30点以上あげていることがわかる。よって，㋑も正しい。

・四分位範囲は，箱ひげ図の箱の部分の長さなので，もっとも小さいのはCさんである。よって，㋒は正しくない。

・Aさんの中央値は25点，Cさんの中央値も25点なので，㋓は正しい。